ECOMODERNISMO

LUC FERRY

ECOMODERNISMO

AS SETE FACES DA ECOLOGIA POLÍTICA

Tradução: Idalina Lopes

Título original em francês: *Les sept écologies – Pour une alternative au catastrophisme antimoderne*

Recomendação editorial: Jorge Forbes

Produção editorial: Retroflexo Serviços Editoriais
Tradução: Idalina Lopes
Revisão de tradução e revisão de prova: Depto. editorial da Editora Manole
Projeto gráfico: Depto. editorial da Editora Manole
Diagramação: Elisabeth Miyuki Fucuda
Capa e imagem de capa: Iuri Guião

CIP-BRASIL. CATALOGAÇÃO NA PUBLICAÇÃO
SINDICATO NACIONAL DOS EDITORES DE LIVROS, RJ

F456e

Ferry, Luc
Ecomodernismo : as sete faces da ecologia política / Luc Ferry ; tradução Idalina Lopes. - 1. ed. - Santana de Parnaíba [SP] : Manole, 2023.

Tradução de: Les sept écologies : pour une alternative au catastrophisme antimoderne
ISBN 9788520460740

1. Ambientalismo. 2. Proteção ambiental. 3. Ecologia - Aspectos políticos. 4. Sustentabilidade. 5. Movimentos sociais. I. Lopes, Idalina. II. Título.

23-83815 CDD: 320.58
CDU: 32:502

Meri Gleice Rodrigues de Souza - Bibliotecária - CRB-7/6439

Edição brasileira – 2023

Direitos em língua portuguesa adquiridos pela:
Editora Manole Ltda.
Alameda América, 876
Tamboré – Santana de Parnaíba – SP – Brasil
CEP: 06543-315
Fone: (11) 4196-6000
www.manole.com.br | https://atendimento.manole.com.br/

Impresso no Brasil
Printed in Brazil

Para Matao, a mulher amada

Sumário

INTRODUÇÃO

As sete[1] faces da ecologia política
A onda verde ou as razões de um sucesso

Quando introduzi em meu livro *Le nouvel ordre écologique* [A nova ordem ecológica], em 1992, as categorias de ecologia política que nos chegavam da Alemanha e dos Estados Unidos, era claramente a oposição entre duas importantes correntes, a dos *fundi* e a dos *realo*, que dominava a paisagem. Sob outro vocábulo, encontrávamos na América do Norte a mesma cisão entre os *deep ecologists* (ecologistas "profundos", equivalentes aos *fundi* alemães) e os *shallow ecologists* (ecologistas de "superfície", análogos aos *realo*).[2] Favorá-

1 Eu poderia ter dito "oito", acrescentando a perspectiva da ecologia chamada "integral" pelo papa Francisco – mas esta é uma opção mais religiosa que política. Embora o papa inclua a questão social em sua defesa do verde, sua encíclica *Laudato si'* ainda não deu origem a nenhuma organização política.

2 Cf. Arne Næss, "Le mouvement d'écologie superficielle et celui de l'écologie profonde, une présentation" [O movimento da ecologia superficial e o da ecologia profunda, uma apresentação], na *Inquiry Magazine*, 1973, texto no qual Næss defende o que chama de "igualitarismo biosférico" (os direitos da natureza) contra o ambientalismo superficial. Trata-se de uma análise que Bill Devall, filósofo americano que foi um dos primeiros e principais teóricos da ecologia profunda, também desenvolveu longamente, em seus livros e em seus artigos, uma análise que será retomada mais adiante por Michel Serres, em *Le contrat naturel* [O contrato natural], que é, por assim dizer, sua tradução francesa. Como escreve Devall em um artigo que traduzo aqui: "Existem duas grandes correntes ecológicas na segunda metade do século XX. A primeira é reformista, ela tenta controlar a poluição mais gritante da água ou do ar, modificar o curso das práticas agrícolas mais aberrantes nas nações industrializadas, preservar algumas das áreas selvagens ainda existentes,

veis a uma social-democracia moderada operando por um "desenvolvimento sustentável" e por um "crescimento verde", os *realo* e os *shallow* se viam mais como reformistas que como revolucionários. Não eram radicalmente hostis aos benefícios da economia de mercado, nem mesmo ao sistema de produção liberal, desejando apenas corrigir seus efeitos perversos. Pelo contrário, os *fundi* e os *deep* militavam por uma revolução anticapitalista, a do crescimento zero, até mesmo do decrescimento. Os *realo* e os *shallow* falavam antes de "meio ambiente" que de "natureza", uma linguagem antropocêntrica e humanista "superficial" que exasperava os *deep* e os *fundi*,[3] partidários de um direito da natureza e mesmo de uma "Mãe-Terra" personificada, erigida como sujeito de direito como queria a famosa "hipótese de Gaia" de James Lovelock.

Na época, eu defendia uma ecologia mais preocupada em proteger a natureza que em utilizá-la como alavanca política para substituir um marxismo-leninismo que desmoronava por toda parte. Alain

---

tornando-as áreas protegidas. A outra corrente também defende muitos objetivos em comum com os reformistas, mas é revolucionária. Visa uma metafísica, uma epistemologia e uma cosmologia novas, bem como uma nova ética ambiental da relação pessoa-planeta. A ecologia profunda, diferentemente do ambientalismo de tipo reformista, não é simplesmente um movimento social pragmático, orientado para o curto prazo, com o objetivo de parar a energia nuclear ou limpar os cursos d'água. Não, seu objetivo principal é recolocar em questão os modelos de pensamento convencionais no Ocidente moderno e propor uma alternativa a eles".

3 Como observou Antoine Waechter em seu livro *Dessine-moi une planète* [Desenhe-me um planeta], "a palavra 'natureza' é expurgada de todos os discursos, como se fosse indecente, ou pelo menos pueril, evocar o que ela designa. O termo 'meio ambiente' impôs-se como aparentemente mais verossímil. Essa escolha não é neutra. Etimologicamente, a expressão 'meio ambiente' designa o que está ao redor e, no contexto, mais precisamente, o que está ao redor da espécie humana. Essa visão antropocêntrica está de acordo com o espírito de nossa civilização conquistadora, cuja única referência é o homem e cuja ação tende a um domínio total da Terra. Essa concepção é um dos pontos de ruptura fundamentais com a filosofia ecologista, que apreende o ser humano como um organismo entre milhões de outros e considera que todas as formas de vida têm direito a uma existência autônoma". [Embora etimologicamente diversas, as palavras ambiente, *environment* (inglês) e *environnement* (francês) têm o mesmo sentido: o que está em volta. Enquanto a primeira provém do latim *ambiens*, as duas últimas têm como origem *environ*, do francês médio. (N.E.)]

Lipietz, um antigo maoísta que se tornara deputado pelo Partido Verde, a quem eu conhecera nos anos 1980 durante uma viagem a Moscou, teve aliás a honestidade de reconhecer em seus livros que ele, "como muitos outros, chegou ao verde pelo vermelho, veio para a ecologia porque a esquerda o decepcionara".[4] De fato, a ecologia fundamental, a do decrescimento, era para ele sobretudo um meio de continuar as lutas políticas, econômicas e sociais contra as sociedades liberais, uma vez que os horrores cometidos durante a Revolução Cultural chinesa tornaram, é verdade, o maoísmo pouco frequentável. Parecia-me essencial, e pelo menos neste ponto eu não discordava dos ecologistas profundos, proteger uma natureza que, com efeito, é mais que apenas nosso "meio ambiente", visto que nela três elementos são intrinsecamente respeitáveis, até admiráveis e não substituíveis por artifícios humanos: a perfeição de certos ecossistemas que no mais das vezes a intervenção humana devasta estupidamente; a beleza das obras da natureza, às vezes muito superiores às da arte; mas também a vida e o bem-estar dos animais. Sobre este último ponto, de resto, contribuí com alguns amigos, em 2015, para mudar nossa legislação absurdamente cartesiana, em especial nosso Código Civil, que ainda considerava "animais" como simples "móveis".[5]

---

4 Alain Lipietz, *Vert espérance*, La Découverte, 1993, p. 7.

5 Jean-Marie Cavada me convidou então a seu programa "La marche du siècle" para apresentar meu livro. Durante esse programa, meus adversários, competindo em criatividade, me presentearam com duas metáforas que caracterizam perfeitamente a oposição entre *fundi* e *realo*. Waechter, com muita imaginação, declarou: "Quando a banheira transborda, os tolos colocam esfregões e toalhas em volta, pessoas inteligentes fecham a torneira". "Desligar a torneira" era por excelência uma metáfora *fundi*, uma imagem do decrescimento. Na época, não se utilizava muito essa expressão, que o próprio Meadows, autor de um famoso relatório "sobre os limites do crescimento" publicado em 1972, considerava demasiadamente repulsivo. Falava-se mais de "crescimento zero" em referência a esse texto que já defendia a ideia de que o crescimento infinito é impossível em um mundo finito. Fechar a torneira ilustrava essa convicção de que o desenvolvimento econômico tal como concebido por nossas sociedades liberais/produtivistas não é viável – as noções de "desenvolvimento sustentável" e de "crescimento verde" sendo aos olhos dos fundamentalistas apenas imposturas reformistas destinadas a retardar a inevitável tomada de consciência revolucionária. Por sua vez, Susan George evocou uma imagem

Após a publicação de meu livro, recebi uma abundante correspondência. Nicolas Hulot ligou para me dizer o quanto estávamos na mesma sintonia, na mesma linha reformista. A seu pedido, trabalhamos então juntos para propor ao então primeiro-ministro Alain Juppé,* de quem Hulot era próximo, a criação de um "conselho ambiental" análogo ao Comitê de ética para as ciências da vida. O projeto foi registrado em ata, redigido em termos técnicos pelos juristas do Matignon e aprovado pelo próprio Alain Juppé, apesar da hostilidade de Corinne Lepage, então ministra do Meio Ambiente, que temia uma possível interferência em sua pasta. Devo dizer que no fim das contas nós três trabalhamos muito bem. Alain Juppé já se interessava pela ecologia, Hulot, então muito engajado à direita, ainda não muito famoso, era estranhamente modesto, e o projeto tinha estilo: tratava-se de criar um conselho científico pluralista que fosse capaz de dizer a verdade sobre as questões mais candentes, de indicar à opinião pública, à imprensa e aos políticos o que era desinformação ou verdade, mas também esclarecer, quando apropriado, o que era duvidoso, no sentido próprio do termo, ainda indecidível.

Em suma, queríamos lançar luz sobre um debate público em que o obscurantismo já começava seriamente a emergir. A dissolução da Assembleia Nacional pelo presidente Chirac, em 1997, e a chegada de Lionel Jospin ao Matignon puseram fim ao projeto: embora nem um pouco envolvido em política, muito menos militante, eu infeliz-

---

igualmente eloquente, uma metáfora que esclarecia a de Waechter ao indicar com que tipo de virada revolucionária era preciso se comprometer, neste caso, a de uma revolução conservadora: "Quando você está na estrada", ela me disse, "pois quer ir a Marselha ou a Nice e vê constantemente placas 'Lille – Bruxelas', é porque está na direção errada. É evidente que você está indo para o norte em vez de ir para o sul. Nessas condições, desacelerar é inútil, é preciso dar meia-volta". O tolo reformista que se apega às miragens do desenvolvimento sustentável e do crescimento verde desacelera, o homem inteligente é revolucionário, dá meia-volta. Além disso, a palavra "revolução" designa de fato, de acordo com sua etimologia, um ponto de virada, uma *u-turn*, como Susan George me dizia em sua língua materna, mais imagética que o francês. Justapostas, as duas alegorias, a do esfregão e a da conversão revolucionária, marcavam perfeitamente a diferença entre *fundi* (*deep*) e *realo* (*shallow*), entre ecologistas reformistas e ecologistas radicais.

* Primeiro-ministro de 1995 a 1997 sob o governo de Jacques Chirac (N.T.).

mente já era conhecido por ter publicado, em 1985, *La pensée 68* [O pensamento 68], um livro pelo qual a esquerda da época não conseguia me perdoar; quanto a Hulot, ele estava muito marcado à direita por sua proximidade com Chirac e Juppé para agradar um antigo lambertista* como Jospin.[6]

As sete faces da ecologia política contemporânea

Hoje, a ecologia política evoluiu muito. Ganhou espaço em todos os setores da sociedade. Não é mais, ou pelo menos não apenas, a pequena seita esquerdista que era nos anos 1970 e 1980. Assumiu importância filosófica e política em todos os países ocidentais, inclusive à direita, em que até recentemente não era bem-vinda, ainda que o engajamento à esquerda continue sendo sua primeira marca registrada. É em condições morais, políticas e mesmo espirituais bastante específicas que vou descrever nesta Introdução, e não unicamente por causa do estado do planeta, que a ecologia política ultrapassou, assim, os limites da extrema esquerda, mas também por vezes da extrema direita, que eram originalmente os dela, para adquirir direito de cidadania em todos os partidos políticos.

Ela também adquiriu nesse processo reconhecimento no plano científico. Assim, ela não se estrutura mais, ou não apenas, em

---

* Corrente trotskista ligada a Pierre Lambert (N.T.).

6 Dominique Bourg, que na época não se interessava por esses assuntos, dos quais nada sabia, também veio me ver, em minha casa. Era jovem e foi bastante humilde diante do trabalho de pesquisa que eu fizera para preparar meu livro. Durante horas, expliquei-lhe a diferença entre as várias correntes da ecologia política, depois ele me pediu que lhe emprestasse a documentação que eu recolhera sobre a *deep ecology* e os *fundi* durante minhas longas estadias no Canadá, nos Estados Unidos e na Alemanha, literatura essa na época totalmente desconhecida na França. Dei-lhe uma grande mala de artigos dos quais tirou grande proveito. Como o Sr. Perrichon, personagem de Labiche, ele nunca me perdoou por ter lhe feito um favor. Hoje, ele clama *urbi et orbi* que eu não sei de nada sobre o assunto, ele praticamente foi quem me ensinou tudo... Desde então, nossos caminhos se afastaram. Hulot e Bourg se juntaram ao campo dos *fundi*, Dominique Bourg tornou-se até mesmo "colapsista"; eu mergulhei, pelo contrário, no dos *realo* até descobrir os projetos do ecomodernismo e da economia circular, aos quais a segunda parte deste livro é dedicada.

duas grandes correntes, como nos anos 1970 e 1980. Embora a oposição entre *fundi* e *realo*, *deep* e *shallow* conserve muito de sua pertinência, hoje são sete as opções fundamentais, sete visões do mundo que se opõem entre elas, às vezes radicalmente, ainda que se encontrem no essencial quando se trata da constatação de que o mundo vai mal, que está se deteriorando e que uma resposta forte se tornou necessária. Nesta Introdução elas estão apenas esboçadas, pois este livro tem precisamente a ambição de apresentar e de desenvolver em profundidade não só seus argumentos mais fortes como também suas principais críticas.

1. O colapsismo: a catástrofe é iminente, até mesmo inevitável

A primeira corrente, a mais radical, é a dos colapsistas, catastrofistas e colapsologistas. Como diz com um sorriso (amarelo) o ex-ministro do Meio Ambiente Yves Cochet: "Não se assustem, é um desastre!", juntando-se assim aos que se dizem, como ele, convencidos de que o mundo vai "colapsar" antes de 2030. Aurélien Barrau, *a fortiori* Pablo Servigne, a quem se atribui a invenção da palavra "colapsologia" e cujos livros fazem bastante sucesso, são evidentemente parte desse grupo. A opinião de Cochet é tão clara quanto categórica. Segundo seus cálculos, com efeito (não esqueçamos que ele é matemático de formação):

> O colapso da sociedade globalizada é possível a partir de 2020, provável em 2025, certo mais ou menos por volta de 2030 [...]. O período 2020-2050 será, portanto, o mais avassalador que a humanidade já terá vivido em tão pouco tempo. Dentro de alguns anos, ele será composto de três etapas sucessivas: o fim do mundo como o conhecemos (2020-2030), o intervalo de sobrevivência (2030-2040), o início de um renascimento (2040-2050).

Para os colapsologistas (ou colapsistas, ou catastrofistas, esses termos são aqui sinônimos), não apenas as noções de "crescimento verde" e de "desenvolvimento sustentável", caras aos *realo*, são uma piada de mau gosto, para dizer a verdade uma impostura, como, de qualquer maneira, a própria revolução do decrescimento chegaria tarde demais. O colapso está programado, é inevitável, o pontapé já foi dado. Como Yves Cochet repete exaustivamente, ele com certeza acontecerá em 2030.[7] Então, privados de tudo o que o mundo moderno ainda nos oferece, pelo menos 4 bilhões de indivíduos morrerão – o que, evidentemente, tornará obsoletas tanto as previsões da ONU em matéria de demografia como as do IPCC [Painel Intergovernamental sobre Mudanças Climáticas] em relação ao clima. É nesse sentido que é inútil se alarmar; e a única coisa a fazer seria preparar o "mundo do após", o eventual "renascimento" de uma humanidade pós-colapso, uma humanidade resiliente que terá de se reorganizar de fio a pavio em todos os níveis, da alimentação à mobilidade, passando pela energia, se pelo menos ela não quiser desaparecer por completo.

Essa posição é às vezes ridicularizada, pois evoca certos cenários de ficção científica. O fato é que a cada ano ela ganha terreno entre os ecologistas, e as teses dos colapsologistas alcançam sucesso cada vez maior, ainda mais porque elas se baseiam em dados científicos, por certo muitas vezes fantasiosos, mas às vezes também plausíveis, informações que nossos colapsistas manejam, de qualquer forma, com grande habilidade, uma vez que os colapsologistas são facilmente recrutados nos meios científicos de bom nível – o que, dizem, torna a discussão com eles muito mais árdua que com os ideólogos *fundi* dos anos 1980, que geralmente se contentavam apenas com um marxismo bem sólido, em cimento armado.

2. O alarmismo reformista: o desenvolvimento sustentável

A segunda corrente forma uma espécie de antítese da primeira: é a dos "alarmistas reformistas". Eles são os herdeiros dos *realo* e dos *shallow* dos anos 1980, ecologistas que acreditam que a hipótese do colapso é um delírio paranoico e que o planeta pode muito bem se

---

7 Em seu livro *Devant l'effondrement. Essai de collapsologie. Le compte à rebours a commencé* [Diante do colapso. Ensaio de colapsologia. A contagem regressiva começou] (Éditions Les Liens qui Libèrent, 2019), essa previsão surge várias vezes, como para mostrar que é uma certeza absoluta para seu autor.

safar se conseguirmos limitar os danos à biodiversidade, controlar o aquecimento climático e a poluição das águas e dos solos. Eles opõem, portanto, aos colapsistas o crescimento verde e o desenvolvimento sustentável, duas expressões sobre as quais já falei quanto os primeiros as consideram como imposturas simplesmente destinadas a manter a lógica capitalista/produtivista pelo maior tempo possível. Em geral, os reformistas são, ao contrário dos colapsologistas, não apenas favoráveis à economia de mercado e ao crescimento, mas também à energia nuclear, único meio segundo eles de produzir uma energia limpa, que não emita gases de efeito estufa e não contribua, portanto, para o aquecimento climático. O reformismo muitas vezes se apresenta como um bom "movimento de espera" para os governos em vigor, que adoram priorizar a noção de "transição ecológica". Essas são as ideias encontradas nas várias COP (em inglês: *Conference of the Parties*, sendo as *parties* em questão os Estados-membros dessas cúpulas dedicadas à ecologia). Elas aparecem como uma estratégia que permite limitar os danos enquanto se espera que o progresso tecnológico, por exemplo, a fusão nuclear, nos permita resolver a questão das energias limpas, a natureza sendo aqui considerada, evidentemente, apenas a periferia ou o "ambiente" desse centro que é e deve continuar sendo a humanidade.

3. O alarmismo revolucionário: por um decrescimento em todos os sentidos!

Uma terceira corrente, sem dúvida a mais bem representada hoje entre os Verdes, é de certa forma a síntese das duas primeiras: é a dos "alarmistas revolucionários", herdeiros dos *fundi* e dos *deep* dos anos 1980. Ao contrário dos reformistas, eles defendem o decrescimento em todos os sentidos do termo e em todas as áreas: decrescimento energético, descarbonização da indústria, desglobalização, desconsumo, redução da população, do tempo de trabalho, das viagens de avião, dos automóveis, do padrão de vida, incluindo o dos pobres, como insiste, com honestidade, Jean-Marc Jancovici. Os alarmistas revolucionários, adeptos do decrescimento, estiveram na origem das principais decisões recomendadas na França pela "convenção do clima" em 2020. Eles se opõem tanto aos colapsistas (porque pensam que nunca é tarde demais para agir a fim de evitar a catástrofe) como aos reformistas (porque, para eles, um crescimento infinito é impossível em um mundo finito, somente um decrescimento maciço poderia evitar um terrível fim do mundo, cuja possibilidade eles não rejeitam, a menos que passemos imediatamente à ação).

No plano político, segundo eles, é necessário, se não suspender a democracia como um todo, pelo menos questionar um certo número de seus princípios fundamentais se quisermos ser bem-sucedidos na transição ecológica, uma vez que será preciso apertar seriamente o cinto. Nossas democracias estão contaminadas pelo "curto-prazismo", ao passo que é necessário "pensar em longo prazo" para abordar seriamente as questões ecológicas. Quer gostemos ou não, será doloroso, difícil, mas inevitável, de modo que de bom grado ou de mau grado teremos de impor restrições que os povos *a priori* não vão querer, mas que serão tomadas para seu próprio bem, em seu interesse, pois serão necessárias se quiserem simplesmente sobreviver. Alguns, como Jean-Marc Jancovici, o principal construtor do "Shift Project", um programa de decrescimento ao qual voltaremos a seguir, criticam severamente a falsa solução das energias renováveis, em particular das muito poluentes eólicas, pois recheadas de terras-raras cuja extração é catastrófica, de modo que se juntam aos reformistas em pelo menos um ponto, a saber, na questão da energia nuclear, única energia compatível no estado atual do mundo com a luta contra o aquecimento climático. É evidente que os defensores da energia nuclear permanecem arquiminoritários dentro da ecologia revolucionária, decrescente e anticapitalista, em que ainda aparecem movimentos como o ecofeminismo e a ecologia decolonial, correntes popularizadas pelas intervenções midiáticas de Greta Thunberg, mas também por um movimento como o Extinction Rebellion.*

* Segundo o site da própria Extinction Rebellion (https://extinctionrebellion.fr/; acesso em: 7 maio 2023), trata-se de um movimento internacional de desobediência civil e luta contra o colapso ecológico e o desregramento climático (N.T.).

É importante compreender bem a diferença entre os alarmistas revolucionários e os colapsistas ou colapsologistas. Todos têm em comum o fato de se pronunciarem, não importa o que aconteça, a favor do decrescimento e do retorno às *low-tech*. Eles compartilham não apenas a ideia de que o mundo está ameaçado de colapso, mas também a crítica ao produtivismo em nome de uma redução da extensão à qual mais dia menos dia será preciso se converter, por bem ou por mal. Sua oposição está situada em outro lugar: os alarmistas, mesmo os adeptos do decrescimento, colocam-se antes da catástrofe de acordo com o modelo daquilo que Jean-Pierre Dupuy chamou "catastrofismo esclarecido". Em suma, trata-se de utilizar a hipótese da catástrofe futura, não como desculpa para não fazer nada, mas sim como estímulo para agir. Os catastrofistas acreditam, ao contrário, que o fim do mundo tal como o conhecemos é inevitável. Eles não procuram, pois, evitá-lo, o que seria contraditório, mas pensar no mundo do após, preparar um eventual renascimento. Recriminá-los, como às vezes faz Jean-Pierre Dupuy, por serem incoerentes porque, ao anunciar o caráter inevitável da catástrofe, eles impediriam a ação, desesperariam os Billancourts* e desmobilizariam as tropas, está, portanto, fora de questão. Significa confundir o antes e o depois, um colapso catastrófico possível que se busca evitar pelo crescimento verde, pelo desenvolvimento sustentável, até mesmo pelo decrescimento, como querem os "alarmistas", e um colapso catastrófico considerado rigorosamente inevitável, uma atitude colapsista, por definição, não procura evitar o inevitável, o que não faria sentido, mas preparar o máximo possível a continuação, ou seja, o depois do fim do mundo.

4. O ecofeminismo

O termo "ecofeminismo" aparece pela primeira vez em meados dos anos 1970, provavelmente na França, mas foi decerto nos Estados Unidos, no contexto da onda do politicamente correto, que ele realmente começa a ganhar força. Designa a ideia, em princípio sim-

* Criação de Jean-Paul Sartre, "Billancourt" é uma metáfora para o proletariado (N.T.).

ples, segundo a qual existiria uma ligação direta e indissolúvel entre a opressão das mulheres e a da natureza, de modo que a defesa de umas e da outra não poderia ser separada sem prejuízo. Daí a definição proposta por uma das "mães fundadoras" do movimento, Karen J. Warren:

> Utilizo o termo ecofeminismo para designar uma posição baseada nas seguintes teses: 1. existem elos importantes entre a opressão das mulheres e a da natureza; 2. compreender a situação desses elos é indispensável para qualquer tentativa de apreender adequadamente tanto a opressão das mulheres quanto a da natureza; 3. a teoria e a prática feministas devem incluir uma perspectiva ecologista; 4. as soluções trazidas aos problemas ecológicos devem incluir uma perspectiva feminista.[8]

Mediremos então, com base nessas fórmulas naturalistas, quão rude se mostraria a oposição ao feminismo de Simone de Beauvoir bem como àquele, republicano, de Elisabeth Badinter, radicalmente antinaturalista e antidiferencialista. Mais uma vez, voltaremos a isso logo mais.

5. Os decoloniais

Para quem o ignorava, o movimento decolonial, semelhante na França aos Indigènes de la République ou ao Extinction Rebellion, defende a ideia de que a crise ecológica não pode ser resolvida fora da questão colonial. É uma abordagem dos problemas ambientais nascida na América Latina, depois adotada, como sempre, nas universidades americanas no decorrer dos anos 1990 por intelectuais como Walter Mignolo (Universidade de Duke), Ramón Grosfoguel (em Berkeley) ou Arturo Escobar (Universidade da Carolina do Norte). Trata-se, portanto, de uma corrente também anticapitalista e de extrema esquerda, mas que soma à crítica ao desenvolvimento industrial moderno a da colonização e do patriarcado, de modo que

8 Karen J. Warren, "Feminism and ecology", *Environmental Ethics*, v. 9, 1987.

faz então a ligação com as lutas feministas e os *genders studies*, incontornáveis nas universidades americanas à época – e ainda hoje... Greta Thunberg não perde jamais a oportunidade de também ela estabelecer esse vínculo entre o ecofeminismo e a ecologia decolonial, por exemplo, no artigo de opinião que ela publicou em 9 de novembro de 2019, um artigo que foi retomado praticamente em todos os lugares e, é claro, até nas colunas do *Le Monde*:

> A crise climática não diz respeito apenas ao meio ambiente. É uma crise dos direitos humanos, da justiça e da vontade política. Os sistemas de opressão coloniais, racistas e patriarcais a criaram e a alimentaram. Devemos desmantelá-los.

Vemos aí como o anticapitalismo, o antirracismo e o ecofeminismo se reúnem na ecologia decolonial, o *Le Monde* comentando assim as declarações da jovem:

> Para os pesquisadores decoloniais, o desregramento climático estaria ligado à história escravagista e colonial da modernidade ocidental. Segundo eles, o capitalismo se estruturou sobre uma economia extrativista e de monoculturas intensivas que destruíram a biodiversidade.

Daí também a crítica radical ao desenvolvimento capitalista, exposta em particular por Arturo Escobar nos Estados Unidos, mas também na França por Malcolm Ferdinand, um dos intelectuais do movimento da ecologia decolonial, que propõe, em uma publicação recente,[9] a seguinte definição, segundo ele, trata-se de:

> propor outra compreensão da crise ecológica, ao mesmo tempo política e histórica, que leve em conta a constituição colonial do mundo moderno, que é uma das maiores ausências do pensamento ambiental [...]. Pensar a ecologia omitindo a constituição

9 Pierre "Petul" Madelin, "Malcolm Ferdinand: 'Nous avons besoin d'une écologie décoloniale'", *Le Comptoir*, 7 maio 2019.

colonial do mundo é como tentar refletir sobre um problema tapando um olho. É preciso ver, por exemplo, o que se faz com a figura do refugiado climático (que é um problema ecológico, não o esqueçamos). O refugiado é quase sempre considerado fora de seu contexto sociopolítico e de sua história. Como se, de repente, para falar da mudança climática, fosse necessário deixar de lado as desigualdades e as relações que existiam antes da catástrofe.

Recordemos que Emmanuel Macron, em uma perspectiva afinal bastante semelhante, também declarou que "não podemos lutar contra o Estado Islâmico sem lutar contra o aquecimento climático" – subentendendo, assim, segundo uma tese defendida à época por seu ministro da Ecologia, Nicolas Hulot, que o terrorismo estaria amplamente ligado às questões de aquecimento global do planeta –, uma tese que oculta de bom grado, como o politicamente correto obriga, a dimensão ideológica e religiosa do terrorismo, mas que, no entanto, continua encontrando amplo eco entre os ecologistas radicais.

6. Os veganos

É importante aqui não confundir os vegetarianos, os vegetalianos e os flexitarianos com os veganos propriamente ditos. Comecemos então por estabelecer algumas definições essenciais para a clareza do debate. Os vegetarianos são aqueles que excluem qualquer tipo de consumo de carne animal, incluindo produtos do mar, mas que, no entanto, consomem certos alimentos provenientes dos animais, como ovos, laticínios ou mel. Os vegetalianos vão além, uma vez que não consomem nenhum produto de origem animal, portanto nem ovos, nem laticínios, nem mel. Em contrapartida – e esta é a principal diferença com o veganismo –, os vegetalianos ainda assim utilizam na vida cotidiana, por exemplo, no vestuário, na maquiagem, na higiene, na saúde ou na limpeza da casa, produtos que têm impacto no mundo animal. Já o flexitarianismo, termo cunhado a partir de "flexível" e "vegetarismo", inventado em 1990 por Mark Bittman, um jornalista americano, consiste em ser vegetariano a maior parte do tempo, mas ainda consumir carne de vez em quando, por exemplo, quando você é convidado para almoçar ou jantar na casa de amigos e não quer incomodar nem ser notado. Existem ainda mais algumas misturas desse mesmo tipo, indivíduos que são vegetarianos exceto quando se trata das aves ou dos frutos do mar.

Falemos agora dos veganos propriamente ditos. É evidente que, como os vegetalianos, eles não consomem nenhum alimento de origem animal: o que, é claro, significa nenhuma carne, mas, por exemplo, também nenhum leite de vaca ou de ovelha, nenhum queijo, mel, ovos etc. Mas não é só isso, e é aqui que se introduz uma diferença em relação aos vegetalianos: em seu dia a dia, independentemente da alimentação, já não utilizam nenhum produto resultante do sofrimento ou da experimentação animal, nem lã, nem couro, nem peles, como dissemos, mas também nenhum produto doméstico ou cosmético (detergentes, xampus, sabonetes, protetores solares etc.) testados em animais – o que significa, logicamente, que os veganos também deveriam prescindir, quando estão doentes, da maioria dos medicamentos disponíveis no comércio, já que quase todos eles passaram por várias formas de testes em animais antes de serem comercializados. Os veganos são evidentemente hostis às touradas, à "exploração" dos animais nos circos, nos zoológicos e nos parques Marineland, mas também à posse de animais de estimação como peixinhos dourados, hamsters, répteis, cães e gatos, sob o argumento de que os tornamos muito dependentes de nós. Acrescentemos que o veganismo mantém com frequência laços estreitos com o ecofeminismo.

Os veganos apresentam três argumentos principais para justificar seu modo de vida, três argumentos relativos à saúde, ao meio ambiente e ao sofrimento animal. Segundo a OMS (Organização Mundial da Saúde), o consumo de carne vermelha, e especialmente o consumo das chamadas carnes "transformadas" (os embutidos), seria potencialmente cancerígeno – razão pela qual muitos nutricionistas hoje recomendam limitá-lo na medida do possível, recorrendo a peixes e aves, por exemplo. Para além da questão da saúde, os veganos também se alinham à questão ambiental para denunciar os malefícios da pecuária, um setor segundo eles quase tão poluente quanto os transportes – sendo consideráveis as emissões de gases de efeito estufa (metano pelos animais), assim como o consumo de água ou a poluição dos solos. Quanto ao sofrimento animal, a associação L214, que apoia o veganismo, nunca perde a oportunidade de transmitir vídeos que revelam as condições insuportáveis da criação e/ou do abate de galinhas ou de coelhos empilhados uns sobre os outros em condições horríveis, vacas mugindo de maneira atroz, penduradas por uma pata, antes de serem degoladas ainda vivas, e assim por diante, e talvez até pior...

7. O ecomodernismo e a economia circular: crescimento infinito, poluição zero. A parábola da cerejeira

Por fim, em oposição aos fundamentalismos verdes, vêm os "ecomodernistas", partidários de uma "economia circular" cuja palavra de ordem é "crescimento infinito, poluição zero!", um *slogan* que exaspera literalmente os adeptos do decrescimento. Os ecomodernistas são favoráveis à economia de mercado, contrários ao decrescimento e a qualquer suspensão da democracia. Mas o projeto do ecomodernismo vai além das ideologias comuns do tipo "desenvolvimento sustentável" e "crescimento verde" caras aos alarmistas reformistas, para dizer a verdade pseudossoluções que, é preciso admitir, muitas vezes se assemelham a um decrescimento brando. Disso dão fé, entre outras coisas, as tentativas de limitar a velocidade nas estradas ou de aumentar as taxas sobre os combustíveis, medidas cujo único efeito foi colocar os Coletes Amarelos na rua e o governo em dificuldade, a ponto de finalmente ter de renunciar a seus projetos. O ecomodernismo, por sua vez, é essencialmente positivo. Baseia-se em duas ideias realmente inovadoras que se desdobram em uma série de projetos específicos relativos aos diferentes ramos da indústria e da vida humana: a dissociação e a economia circular.

A noção de "dissociação" é, de fato, o primeiro pilar do programa ecomodernista: dissociação entre busca do progresso, crescimento, consumo e bem-estar humano, de um lado, e, do outro, destruição do meio ambiente pelo impacto negativo que os seres humanos lhe infligem. Como se pode ler em "Un manifeste écomoderniste" [Um manifesto ecomodernista], escrito por Michael Shellenberger, um militante ecologista que foi aclamado, na capa da revista *Time* em 2008, como um "herói ambiental":

> Intensificar muitas das atividades humanas, especialmente a agricultura, a extração energética, a silvicultura e os povoamentos, para que elas ocupem menos terra e interfiram menos com o mundo natural, é a chave para dissociar o desenvolvimento humano dos impactos ambientais. Esses processos tecnológicos e socioeconômicos estão no centro da modernização econômica e da proteção do meio ambiente. Juntos, eles permitirão mitigar as mudanças climáticas, poupar a natureza e reduzir a pobreza global.

Shellenberger lembra, em apoio às suas observações, uma estatística particularmente impressionante: já hoje, 4 bilhões de pessoas vivem em cidades que representam apenas 3% da superfície do globo! Em outras palavras, persistindo na lógica da urbanização, ou mesmo intensificando-a, poderíamos deixar cada vez mais espaço para a natureza selvagem e para a biodiversidade. É claro que vamos voltar a essa ideia a fim de desenvolvê-la, de aprofundá-la, mas também de revelar as múltiplas facetas cuja coerência e originalidade é importante medir.

O segundo pilar do movimento ecomodernista vem sustentar e reforçar o primeiro: trata-se de estabelecer uma "economia circular", um projeto também inovador segundo o qual, de modo exatamente oposto ao que afirmam os adeptos do decrescimento desde o "relatório Meadows", um crescimento e um consumo infinitos são possíveis em um mundo finito porque podem, se feitos corretamente, ser não poluentes, até mesmo despoluentes, desde que se conceba a montante da produção industrial a possibilidade não apenas de uma desmontagem que permita uma reciclagem completa, mas também a utilização de ingredientes favoráveis ao meio ambiente. A economia circular quer garantir que nossos produtos industriais sejam finalmente projetados para ir do "berço ao berço" e não mais do "berço ao túmulo". É essa alternativa ao decrescimento que William McDonough e Michael Braungart, um arquiteto norte-americano e um químico alemão, apresentam de maneira bem fundamentada e contundente em seu livro intitulado *Cradle to cradle. Créer et recycler à l'infini* [Do berço ao berço. Criar e reciclar ao infinito] (traduzido em francês pela editora Alternatives em 2010). Como insiste McDonough, "a natureza não tem latas de lixo", a noção de resíduo não tem para ela sentido algum, pois tudo é reciclável, de modo que, tomando-a como modelo, ao menos nesse ponto, se não em outros, seria possível reduzir os custos e obter lucros, o que tornaria essa ecologia muito mais realista e menos punitiva que a do decrescimento. Poderíamos construir assim um futuro ecológico que, integrando-se à economia, não impediria nem a inovação nem esse consumo do qual os Khmers verdes querem a todo custo privar a humanidade. Para tanto, seria necessário "apenas" – mas é de fato uma revolução –

> fabricar todos os produtos com vista à sua desmontagem. A vantagem desse sistema seria tripla: não geraria nenhum resíduo inútil e possivelmente perigoso; pouparia aos fabricantes bilhões de dólares em materiais preciosos ao longo do tempo; "nutrientes técnicos" circulariam permanentemente, diminuindo assim tanto a extração de substâncias brutas como de produtos petroquímicos e também a fabricação de materiais potencialmente nocivos [...], nisso esse projeto vai mais além que o refrão ambiental habitualmente negativo quanto ao crescimento, um refrão segundo o qual deveríamos nos negar os prazeres que nos são oferecidos por objetos como os carros...

Os ecomodernistas sempre contam uma parábola, uma alegoria: a da generosa cerejeira que, ao contrário dos modelos decrescentistas, produz muito mais cerejas que precisa para se reproduzir, o que lhe permite alimentar pássaros, insetos, pequenos mamíferos e, de passagem, alegrar o coração (e o estômago) dos humanos. Não é preciso, pois, deixar de ter filhos, muito menos levar as pessoas ao suicídio para reduzir a população mundial a fim de "salvar o planeta", nem abrir mão da tecnologia e da inovação, muito menos do crescimento e do consumo, desde que, em vez de tentar ser menos nocivos, nós "muito simplesmente" nos esforcemos para ser bons, até mesmo excelentes, utilizando na produção ingredientes que poderão se dispersar na natureza sem prejuízo. Se os restos – papel gorduroso, latas de alumínio, plásticos e outras sujeiras que um piquenique tosco geralmente deixa na natureza – tivessem sido projetados desde o início como ingredientes capazes de enriquecer o meio ambiente e de fertilizar o solo como as cerejas da cerejeira, eles não trariam mais o mesmo problema. Sua disseminação nas terras ou nas águas não seria mais catastrófica, seria até benéfica, o que supõe, no entanto, uma revolução completa na maneira de projetar nossos produtos industriais. Não apenas o crescimento infinito e a poluição zero não seriam mais irreconciliáveis, mas há algo mais em um plano filosófico e antropológico: em vez do decrescimento, da recusa da inovação, do retorno ao pedacinho de chão e às *low-tech*, uma perfectibilidade infinita se tornaria novamente possível para uma espécie humana da qual podemos legitimamente duvidar que ela possa prescindir.

Talvez o mais importante nesse projeto é que a ecologia não é mais uma questão de moral, de punição, de paixões tristes e de culpa, mas "apenas" de inteligência e de interesse, é claro. Em seu *Projet de paix perpétuel* [Projeto de paz perpétuo] (1795), texto que certa vez traduzi para a editora Pléiade, Kant declarava que "mesmo um povo de demônios poderia conseguir estabelecer uma república pacífica contanto que fosse dotado de alguma inteligência" e compreendesse seus interesses. Com as devidas ressalvas, poderíamos dizer o mesmo sobre a ecologia se adotarmos o ponto de vista não moralizante defendido pelo ecomodernismo: mesmo um povo de demônios deveria ser capaz de restaurar um planeta em bom estado, desde que seus industriais e seus políticos sejam dotados de alguma inteligência e que os povos – eles também – compreendam seus interesses, o que, sejamos um pouco otimistas, não é totalmente inimaginável no longo prazo.

Com exceção da energia solar, que pressupõe, no entanto, que o problema do armazenamento da eletricidade seja resolvido (por exemplo, com discos de concreto, como alguns propõem), os ecomodernistas rejeitam as energias renováveis, em particular as turbinas eólicas altamente poluentes, que devastam as paisagens, prejudicam o patrimônio e matam pássaros. São adeptos da energia nuclear, que não contribui para o aquecimento climático. Defendem também o que se chama de "agricultura celular" ou de "carne limpa", produzida sem criação de animais, simplesmente a partir de células-tronco retiradas sem sofrimento dos melhores animais para produzir *in vitro* carnes potencialmente de melhor qualidade que as produzidas pela pecuária industrial intensiva. Entre o decrescimento brando ao qual se reduz muitas vezes o crescimento verde, visto por muitos como tão doloroso de suportar[10] quanto ineficaz, e o decrescimento moralizador e punitivo defendido pelos fundamentalistas, o ecomodernismo representa uma linha de reflexão promissora, mais realista do que as ilusões deprimentes e inaplicáveis de retorno aos tempos pré-industriais. Como já sugeri, essa visão geral de um projeto que compreende muitas subdivisões merecerá ser desenvolvida com mais profundidade a seguir neste livro. É claro que também será necessário mencionar e levar em conta as inúmeras críticas que ele suscita por parte dos defensores do decrescimento e do retorno às *low-tech*.[11]

---

10 Isso é bem demonstrado pelo movimento dos Coletes Amarelos, resultado direto de uma rejeição maciça ao estabelecimento de um limite de velocidade e à taxação dos combustíveis – medidas, entretanto, tão benignas quanto ineficazes em relação à situação ecológica global.

11 Ver, por exemplo, sobre este ponto o livro de Philippe Bihouix, *Le bonheur était pour demain* [A felicidade era para amanhã], Seuil, 2019, p. 145 e seguintes. É notável, e na verdade extremamente decepcionante, que Bihouix nunca cite os trabalhos dos ecomodernistas, nem os de Shellenberger, nem os de McDonough e Braungart, nem os de Gunter Pauli, o que, de qualquer forma, é um exagero já que são, se não os únicos, pelo menos os principais teóricos e praticantes da economia circular e do ecomodernismo. Voltaremos a isso na segunda parte deste livro.

Nem Marx nem Jesus: Greta! Às três fontes da onda verde: uma constatação alarmante, um vazio astronômico e uma aspiração ao bem-estar

Apesar de ter fracassado no Nobel, não há dúvida de que Greta Thunberg continuará sendo o fenômeno político-midiático mais notável dos anos 2019-2020. Ela foi a encarnação planetária da "onda verde", o símbolo universal de uma nova ideologia, para não dizer de uma nova religião. Se consideramos essa jovem exasperante, arrogante e manipulada ou, ao contrário, corajosa e representativa dos jovens de sua idade, no fundo pouco importa. O que importa, em contrapartida, é que seu sucesso midiático mundial nos diz algo sobre nossos tempos desencantados. Ele simboliza e denota um traço fundamental da época. Após o fim do comunismo, a erosão do cristianismo e a crise das ideologias fortes, uma nova religião de salvação terrena, aquela cuja chegada já anunciei em *Le nouvel ordre écologique*, finalmente consegue fazer-se ouvir a ponto de competir com a antigas formas de militância. Quer isso nos alegre ou nos aflija, seria pouco sensato subestimar seu significado e seu alcance. Greta Thunberg foi recebida com as honras devidas a um chefe de Estado pelos grandes deste mundo. Falou diante dos parlamentares e dos presidentes de grandes nações, seduziu os líderes da União Europeia, que a acolheram como nunca tinham feito com nenhum cientista, com nenhum intelectual, com nenhum escritor. Por vezes reuniu dezenas ou mesmo centenas de milhares de ativistas para ouvir a boa palavra, e quer essa palavra nos agrade ou nos irrite, quer julguemos nossos políticos irritantemente demagogos ou, pelo contrário, legitimamente "interessados", o fato é que com ela a ecologia assumiu seu lugar ao lado dos movimentos que animaram a vida política desde o século XIX e que agora estão em declínio.

Na própria França, país com fama de ser menos ecológico que a Alemanha e as nações protestantes do norte da Europa, as últimas eleições municipais, apesar de uma taxa de abstenção inédita que distorce parcialmente os resultados, nos dizem a mesma coisa. Que cidades como Bordeaux, Marselha, Grenoble, Lyon, Estrasburgo, talvez até mesmo uma grande parte de Paris, sejam agora administradas por ecologistas é um sinal significativo. Para compreender esse contexto, é preciso ver que a mensagem vem de longe, que é levada por três grandes ondas: primeiro – seria inútil negá-lo –, por constatações pessimistas sobre o estado do planeta; depois, pelo vazio astronômico deixado tanto no plano político como no espiritual pelo colapso do comunismo e, mais geralmente, pelo recuo das grandes espiritualidades do Ocidente; por fim, *last but not least*, pela aspiração ao bem-estar, à saúde e à felicidade que floresceu nos Estados Unidos, e depois na Europa, com o surgimento da psicologia positiva e das teorias do desenvolvimento pessoal em um cenário de desconstrução das autoridades e dos valores tradicionais que caracterizou como nenhum outro nosso século XX.

Retomemos brevemente esses três pontos fundamentais.

1. A constatação

Apesar das divergências por vezes profundas e dos debates muitas vezes acalorados sobre questões específicas como a energia nuclear ou as energias renováveis, todas as correntes da ecologia política que acabamos de mencionar concordam com a maioria dos cientistas ao dizer que o planeta vai mal, que é mais do que tempo de reagir, de engajar ações positivas. Quer sejam reformistas, ecomodernistas ou revolucionários que defendem o decrescimento, todos os ecologistas partilham da convicção de que não só "a casa está queimando e estamos olhando para o outro lado", nas palavras já célebres de Jacques Chirac, mas também que, pelo menos por enquanto, as políticas ecológicas postas em prática não produziram realmente resultados significativos nas questões importantes: o consumo de energia e a descarbonização da indústria, a erosão da biomassa e da biodiversidade, a poluição do solo e da água, as emissões de gases de efeito estufa que causam a mudança climática... Basta comparar a curva que traça a sucessão das diferentes COP e a das emissões de CO_2 para constatar que o único efeito dessas "cúpulas" foi midiático-político. Os debates mais ou menos alarmistas, até mesmo catastrofistas, sobre essa constatação terão então de ser examinados e discutidos na sequência deste livro, mas digamos desde logo: ainda que certo número deles deva ser seriamente relativizado, e até mesmo severamente refutado vez ou outra, não se trata aqui de adotar uma atitude cética.

Isso não invalida o fato de que uma das razões pelas quais os debates, em particular sobre o aquecimento climático, são tão acalorados é que as previsões para daqui a 100 anos se baseiam em uma série de fatores que dominamos mal, e em alguns casos não dominamos de forma alguma. Um único exemplo: como veremos a seguir, de acordo com colapsistas como Yves Cochet ou Pablo Servigne, as previsões demográficas da ONU para o final do século são radicalmente falsas: o planeta não terá 11 bilhões de pessoas em 2100, nem mesmo 8 bilhões como afirmam certos grupos de especialistas em demografia, mas, de acordo com seus cálculos, no máximo 4 bilhões, e isso a partir de 2030, portanto muito antes do final do século. Se acrescentarmos que para eles essa redução drástica da população mundial será em razão do colapso de nossa civilização termoindustrial, uma vez que os sistemas produtivistas terão desaparecido, é bastante evidente que, nessas condições, com uma população reduzida pela metade em comparação ao que é hoje e com os modos de produção capitalistas ou comunistas aniquilados, os problemas ambientais, em particular o do clima, serão colocados em termos totalmente diferentes daqueles que ainda hoje estão em discussão nos partidos verdes ou no IPCC. Não podemos anunciar a iminência da catástrofe apocalíptica na próxima década e ao mesmo tempo manter previsões ligadas ao caráter devastador dos modos de vida atuais, uma vez que eles terão desaparecido. Este é, naturalmente, apenas um exemplo do caráter problemático das previsões para daqui a cem anos, mas ainda assim é tanto mais significativo porque não vem dos céticos do clima, mas, ao contrário, das correntes mais pessimistas da ecologia contemporânea.

2. O vazio

É claro, como dissemos, que a ecologia política assumiu recentemente uma nova dimensão em sociedades que até há pouco eram estruturadas por religiões e por ideologias políticas fortes como o nacionalismo ou o comunismo. O que quer que pensemos delas, elas davam sentido à vida tanto dos militantes como dos fiéis. Ora, essas grandes visões de mundo sofreram hoje a erosão que caracterizou a história do capitalismo e da "destruição criativa" no século XX. Além disso, a descristianização já produziu entre nós seus efeitos: hoje (em 2020), apenas 4% dos franceses vão à missa aos domingos, ao passo que eram mais de 30% em 1950 e ainda 15% em 1980; 95% de nossos concidadãos eram batizados em 1950, agora são apenas 30%, enquanto a própria Igreja definha a uma velocidade vertiginosa: 45 mil sacerdotes em 1960, 25 mil em 1990, 6 mil em 2014 e, nesse ritmo, quantos em 2030?[12] É possível dizer que essa erosão é sobretudo quantitativa, não qualitativa, e isso é verdade: os que permanecem hoje no seio da comunidade cristã fazem-no mais por escolha ponderada que por *habitus*, como costumava ser o caso em minha infância. O fato é que o desencantamento do mundo está realmente aí, pelo menos na velha Europa, se não nas teocracias, e isso no exato momento em que as religiões de salvação terrena também estão em pleno declínio. O nazismo matou o nacionalismo; quanto ao comunismo, está claro que sua ideologia, ao contrário do planeta, já colapsou: na França, seu teto fica em torno de 2%, pouco acima do Partido Animalista, enquanto representava nos anos 1960 quase 25% do eleitorado e podia se gabar de uma influência sem igual no mundo intelectual. Em seguida, tendo a natureza, como sabemos, horror ao vazio, uma parte significativa da opinião pública, a começar pelos mais jovens, encontrou o substituto que ela procurava desde a queda do Muro, uma forma de devolver sentido, de sair das políticas insignificantes graças a um novo "grande projeto", e este último tem um nome: ecologia, se possível radical, feminista, decolonial e anticapitalista.

É agora esse ecologismo que, sob as cores verdes do decrescimento revolucionário, toma o lugar da velha Internacional, é ele que persegue o ideal antiliberal do comunismo, do esquerdismo e

12 A esse respeito, ver o livro de meu amigo Denis Moreau *Comment peut-on être catholique?* [Como podemos ser católicos?].

do terceiro-mundismo ultrapassados. Sem mal-entendidos: a proteção do planeta, da mesma forma que o ideal de justiça social que o comunismo alegava (de maneira falaciosa) carregar, são para mim mais que legítimos, são essenciais. Simplesmente, a ecologia decrescente e anticapitalista que afirma dar sequência às críticas radicais ao liberalismo não é a única concebível, longe disso. Como este livro mostrará, podemos ser ecologistas sem ser nem adeptos do decrescimento, nem antiliberais, nem hostis ao consumismo e à inovação tecnológica. É até mesmo, em minha opinião, a única forma de ser eficaz em termos de proteção do meio ambiente. O fato é que a vantagem do radicalismo revolucionário sobre as correntes reformistas não é negligenciável em termos de sentido e de "grande projeto", especialmente com os mais jovens. Aliás, é uma constante na história política, para não dizer uma banalidade, proveniente do fato de a radicalidade sempre oferecer aos militantes a possibilidade de redescobrir o que Nietzsche chamava uma "perspectiva", um horizonte profundo o suficiente para conferir à existência um verniz de ideal.

E, de fato, a nova religião verde repousa sobre alguns pilares sólidos o bastante para restaurar um ativismo do qual os partidos tradicionais, com exceção (infelizmente) da extrema direita, não dão mais qualquer sinal: o medo primeiro, em nome do qual os adeptos do decrescimento tentam mobilizar as "grandes massas"; o sentimento cósmico, em seguida, que se reconecta com as sabedorias antigas, afina-se com a moda da psicologia positiva e justifica verdadeiro ódio contra essa globalização liberal que finalmente poderá ser combatida em nome de uma imagem benevolente, a da natureza, mais apresentável, é verdade, que os modelos mortíferos soviético, cubano ou chinês; por fim, a reabertura do futuro e a preocupação com as gerações vindouras – preocupação originalmente designada pelo princípio de precaução, quando, em vez de defender um absurdo risco zero, convidava os adultos, de maneira mais razoável, a deixar aos filhos um mundo habitável, até mesmo melhor e mais habitável que o atual.[13]

---

13 Este era, com efeito, pelo menos no início, o verdadeiro significado desse princípio quando surgiu pela primeira vez na Alemanha, em meados dos anos 1970.

Mas por detrás da já famosa "onda verde" está também a busca da saúde, do bem-estar e, em uma palavra, da felicidade que se descortina no horizonte, uma busca que, desta vez, significa percorrer caminhos opostos aos das miragens produtivistas do hiperconsumo. Nos termos que são hoje os das ideologias da felicidade, trata-se de preferir a qualidade à quantidade ou, para dizer melhor ainda, de passar finalmente da preocupação do ter à preocupação do ser. E é também nessa perspectiva que a ecologia faz sucesso, inclusive agora à direita do tabuleiro político.

3. Desconstrução das ideologias, preocupação consigo mesmo, medo da morte e busca da felicidade – ou por que a ecologia não é mais obrigatoriamente de esquerda e se torna universal

A preocupação com a própria felicidade, com seu bem-estar e sua saúde, portanto com um meio ambiente saudável, que é uma de suas condições necessárias, tornou-se no decorrer das últimas décadas uma das preocupações dominantes do Ocidente desencantado com a morte do comunismo e com a erosão do cristianismo. São provas disso não apenas a proliferação de revistas, livros, aplicativos e seminários dedicados à busca da felicidade por meio da psicologia positiva e do desenvolvimento pessoal, mas também o medo da doença e da morte que nossas reações ao confinamento generalizado face à pandemia de Covid-19 traduziram como nunca antes. Era quase possível medi-lo comparando nossas atitudes atuais com as despertadas em 1968-1969 pela pandemia de gripe chamada "Hong Kong", que provocou a morte de mais de 31 mil pessoas na França – quase tantas quanto a Covid-19. Na época, porém, a mídia praticamente não tocou no assunto, a não ser como uma "gripezinha sazonal" que não preocupou quase ninguém. Algumas escolas provavelmente foram fechadas, a SNCF [Sociedade Nacional das Ferrovias Francesas] passou por dificuldades porque o número de doentes era alto, mas, da direita à esquerda, a equipe política permaneceu impassível, enquanto a imprensa se queria tranquilizadora. O *Le Monde* chegou até a publicar em plena crise, em 11 de dezembro de 1969, um artigo segundo o qual "a epidemia de gripe não é nem grave, nem nova".

É claro que hoje estamos nos antípodas dessa indiferença que, em retrospecto, parece estranha, para não dizer indecente. Às vezes tínhamos a impressão, durante o confinamento, de viver em um universo paralelo, literalmente "surrealista", de ter saído do mundo normal, de ter caído em uma daquelas séries americanas que descrevem a maneira como os humanos tentam sobreviver após um desastre apocalíptico. É pouco dizer que a imprensa, a começar pelos canais de notícias 24 horas, não seguiu o exemplo do *Le Monde* nos anos 1960. Da manhã até a noite, ela multiplicou os alertas dados por médicos e cientistas que pareciam concordar em apenas um ponto, a saber, que era necessário se trancafiar em casa. Sem mal-entendidos: não sou daqueles que querem fazer crer de maneira absurda que esse maldito coronavírus não era grave, nem que a imprensa não fez seu trabalho direito, muito menos que o confinamento era supérfluo. Era até mesmo necessário em razão do estado lamentável de nosso sistema de saúde. Minha pergunta é bem diferente: é sobre nossa relação com a morte, que me parece ter singularmente mudado desde os anos 1960, período que sem dúvida ainda era próximo o suficiente da guerra da Argélia, ou mesmo da Segunda Guerra Mundial, que fez mais de 60 milhões de vítimas, para que a morte parecesse, por assim dizer, familiar. A verdade é que a cada ano somos mais numerosos, os que sentem, de maneira angustiante – como querem o desencantamento do mundo e a secularização –, o peso da absoluta e irreversível finitude.

Tempos atrás, o diretor de uma funerária compartilhou comigo suas preocupações: "Até então, ele me disse, éramos subcontratados pela Igreja, hoje estamos na linha de frente diante das famílias, e não sabemos mais o que lhes dizer, sobretudo aos não crentes". E, de fato, os cidadãos das sociedades laicas encontram-se em uma situação que se poderia dizer "trágica": se não são crentes, ou mesmo nem tão solidamente crentes como no passado, estão menos protegidos pelas promessas das grandes religiões diante da morte, mas também mais expostos do que nunca em razão da afetividade que se desenvolveu de maneira exponencial na família moderna. Para a maioria deles, o céu ficou vazio, não há mais cosmos nem divindade que possa dar o menor significado à morte de um ente querido. Para Ulisses ou para um estoico, morrer era retornar à ordem cósmica, encaixar-se nela como uma peça de quebra-cabeça que se ajusta ao conjunto do quadro. E como o cosmos era eterno, ao morrer, por assim dizer, nos tornávamos um fragmento de eternidade. A resposta cristã era ainda mais bela, pois nos prometia a ressurreição do corpo e o reencontro *post-mortem* com aqueles que amávamos. Nas religiões de salvação terrena, na ausência de uma divindade benevolente, restava pelo menos a pedra e o mármore: neles eram gravados os nomes dos heróis que morreram pela França, dos eruditos e dos construtores, uma placa destinada a atravessar o tempo preservava a lembrança deles. Para os não crentes, essas graças desapareceram. Resta-lhes apenas retardar esse prazo funesto, o que explica a nova extensão, literalmente inédita, das reações de angústia e de confinamento observadas diante da pandemia. Ao mesmo tempo, é a busca pelo bem-estar, pela saúde e pela felicidade que, muito naturalmente, cresceu de forma exponencial ao longo das últimas décadas.

Para compreender a lógica profunda dessa "felicização do mundo" que acompanha esse aumento da importância da ecologia que observamos de eleição em eleição, é indispensável ter consciência de que ela vem de longe, que não cai do céu por acaso. Ela parte da "desconstrução" das transcendências e das grandes narrativas pelos "genealogistas" (Schopenhauer, Nietzsche e seus discípulos franceses), para engendrar em um segundo momento uma verdadeira sacralização do "autocuidado" (Foucault) que conduz muito logicamente a uma "ética dos prazeres", rumo a esse ideal de saúde, de bem-estar e de felicidade "por si mesmo" que os livros de psicologia vindos dos Estados Unidos promovem hoje na Europa. A lógica dessa valsa em três tempos – desconstrução das transcendências, autocuidado, saúde/felicidade – é límpida: quando as transcendências e as grandes causas, comunistas ou cristãs, que davam sentido à vida foram "desconstruídas" pela história real de um capitalismo schumpeteriano fadado à lógica da inovação permanente, mas também pelo pensamento filosófico e pelo progresso das ciências, fica claro que resta apenas um cara a cara do eu consigo mesmo. É impossível não pensar aqui nas rupturas com tradições constantemente introduzidas pelas inovações que marcaram a história do século XX na filosofia, na arte, bem como no mundo industrial e mesmo na vida cotidiana, em que as autoridades tradicionais também sofreram o vasto movimento de erosão que caracterizou o universo capitalista/produtivista da "destruição criativa", tão inteligentemente analisada por Schumpeter.

Nessas condições, dado que todos nós temos um umbigo ao qual estamos fortemente ligados, é evidente que a questão do meio ambiente, condição primeira de nosso bem-estar, torna-se crucial para todos. Por trás da preocupação com o cosmos, dissimula-se o autocuidado, e, como os dois andam de mãos dadas, impulsionam os programas ecologistas. A esquerda, que compreendeu isso muito bem, tentou a cada eleição recuperar os votos dos ecologistas, até que estes acabaram retribuindo a cortesia, mas a direita não ficou para trás, está buscando seu caminho, o que para ela não é simples, pois lhe é impossível ser revolucionária, anticapitalista e adepta do decrescimento. A própria Igreja, apesar de uma teologia que desde suas origens convidava à dominação do mundo natural e animal, finalmente compreendeu todo o interesse que havia em associar seu antiliberalismo de sempre à onda ecologista, como evidenciado pelo projeto de uma "ecologia integral" apresentado pelo papa Francisco na encíclica *Laudato si'*, uma mensagem que, aliás, foi bem recebida até mesmo nas fileiras dos verdes, pouco interessados, no entanto, pelas coisas eclesiásticas...

Principais questões filosóficas e científicas

Vou me contentar aqui, uma vez mais, em esboçá-las à guisa de introdução a este livro, mesmo que isso signifique voltar a elas mais tarde.

A questão da globalização liberal e técnica

Muitas vezes tratei deste tema em outros livros, mas gostaria de voltar a ele aqui, ainda que de forma breve e sintética, pois ele é o mais crucial em termos de ecologia política, âmbito em que poderia ser formulado da seguinte maneira: pode o desenvolvimento capitalista, intrinsecamente produtivista e técnico, ser dominado por governos democráticos? Não é ele, uma vez globalizado como é hoje, portanto dependente de uma infinidade de fatores que nenhum Estado em particular poderia dominar sozinho, tão desenfreado, tão livre de todos os tipos de barreiras e de fronteiras que não pode mais ser reorientado em um sentido favorável à proteção do meio ambiente?

Essa globalização liberal, Heidegger, com razão, a designava como o "mundo da técnica planetária", um universo que pretende desde Descartes atribuir-se como principal projeto tornar os humanos "senhores e possuidores da natureza". Mas se esse próprio domínio já não é controlável, se ele nos escapa como o monstro do Dr. Frankenstein escapa a seu criador, se ele já não pode ser dominado por procedimentos democráticos, como evitar que o produtivismo acabe destruindo o planeta, sendo o crescimento verde e o desenvolvimento sustentável, portanto, apenas remendos superficiais – na verdade, engodos completamente ineficazes? É claro que é nessa perspectiva, porque pensam que não controlamos mais nada, que os colapsistas estão convencidos de que a catástrofe é inevitável. É de resto por essa razão, porque não se pode impedir um giroscópio de girar ou uma bicicleta de avançar a não ser fazendo-os cair, que os adeptos do decrescimento duvidam eles também da capacidade de nossas democracias de impor as medidas necessárias para evitar o famoso "fim do mundo", cuja imagem aterradora estão sempre evocando.

A honestidade intelectual obriga a reconhecer que, nesse caso, eles marcam um ponto, uma vez que a resposta à questão do "domínio do domínio" nada tem, com efeito, de evidente. No mais, não é preciso ser um gênio para compreender que, mesmo que criássemos na França, ou até em toda a Europa democrática, medidas de crescimento verde, ou mesmo de decrescimento, isso não impediria de forma alguma os povos que saem da miséria dos tempos antigos para entrar na modernidade capitalista, começando pela Índia e pela China, ou seja, 3 bilhões de indivíduos, de continuar a ampliar a lógica produtivista e consumista sem a qual não haverá para eles um bem-estar equivalente ao dos ocidentais...

Tentemos então ver um pouco mais claro.

Desde o nascimento das grandes correntes românticas, pensadores como Henry David Thoreau, William Blake ou Aldo Leopold, porém mais tarde também Martin Heidegger, Arne Næss, André Gorz, Hans Jonas ou Jacques Ellul, denunciaram com persistência, de maneiras diversas, é verdade, mas convergentes, os efeitos que julgavam perversos e desastrosos de uma modernidade produtivista e tecnicista. Movimentos sociais como os dos ludistas e dos *canuts** teceram críticas análogas no plano social, acusando o capitalismo de engendrar efeitos devastadores nos planos político, econômico e, por fim, humano. Foi certamente Heidegger, cujo engajamento no nazismo tinha laços com a herança do romantismo contrarrevolucionário, quem primeiro levantou a questão da técnica globalizada em toda a sua amplitude. Ellul, assim como tantos outros intelectuais franceses, apenas vulgarizou suas teses sobre esse ponto, na maioria das vezes sem citá-las. Permitam-me voltar um pouco a isso para que aqui, tratando-se do caso particular da ecologia política, um campo no qual a maioria dos problemas é por natureza sem fronteiras, globalizados, a questão do domínio da globalização técnica seja finalmente claramente colocada. E para compreender todos os dados, é preciso começar distinguindo cuidadosamente entre dois tempos da globalização.

O primeiro é a da revolução indissoluvelmente científica e capitalista que começou no século XVI, marcou o XVII e floresceu no XVIII com as "Luzes" que o projeto de nossos enciclopedistas encarna de forma grandiosa. Acompanhando o desenvolvimento das ciências, bem como o nascimento da ideia democrática, eles queriam difundir a "luz" da razão até na consciência do povo. Por que associar a revolução científica à ideia de globalização? A razão para isso é tão simples quanto profunda: a ciência moderna é por essência democrática, as verdades que ela traz à luz não conhecem fronteiras, valem para todos os seres humanos, "sem distinção de

---

* Operários das fábricas de seda da cidade de Lyon no século XIX (N.T.).

classe nem de raça", como se dirá um pouco mais tarde nos textos fundadores dos nossos Estados de direito. Mas não é só isso. Embora se trate de tornar-se "como senhor e possuidor da natureza", não é somente para compreender melhor o universo, para penetrar em seus segredos, menos ainda pelo prazer de dominar por dominar, mas antes de mais nada para construir uma civilização nova, construir um mundo moral e político de igualdade e de liberdade, um universo que a Revolução Francesa quis, com todas as dificuldades, instaurar, uma sociedade na qual os homens serão finalmente mais livres e mais felizes. Aos olhos dos grandes espíritos da época, a história tem uma *finalidade superior*: graças ao progresso do Iluminismo, poderemos não apenas trabalhar pela emancipação da humanidade, mas também dar corpo e alma a essa felicidade que Saint-Just não hesita em chamar de uma "ideia nova na Europa".

O que, pelo contrário, vai caracterizar o segundo tempo da globalização, um período que só atinge seu pleno funcionamento na segunda metade do século XX, com o nascimento de mercados financeiros que se tornaram instantâneos com a invenção da *web* e com o recurso maciço à inteligência artificial – é uma "queda", no sentido bíblico ou platônico do termo, uma ruptura que mudará profundamente o sentido de nossa relação com a política e com a história. Vamos passar de uma globalização "iluminada" e finalizada para uma globalização essencialmente competitiva e não finalizada. Com ela, a história deixa de ser animada pela representação de um fim, de um ideal tal como o proposto com a ideia de progresso pelo humanismo das Luzes. Pressionado pela competição globalizada, o movimento da história é agora impulsionado sem um objetivo maior, animado apenas pela lógica puramente mecânica, automática, anônima e cega da competição global. O empresário que hoje fabrica celulares, automóveis ou computadores, ou qualquer outro objeto sobre o qual pesa fortemente a concorrência mundial, sabe com certeza de uma coisa, e no limite de apenas uma: é que se o produto que ele colocar no mercado no próximo ano não for mais eficiente que o que temos atualmente, se a memória do *smartphone* não for maior, a conexão com a internet mais rápida, o número de *pixels* mais alto, os aplicativos de melhor desempenho etc., ele está simplesmente fadado a desaparecer. Não se trata de visão de mundo, de ideal ou de grande desígnio, mas de simples sobrevivência em um universo darwiniano: se ele não progride, se não inova constantemente, nosso empresário cai, absorvido pelo vizinho, como manda o *benchmarking*, como uma bicicleta que não anda rápido o suficiente e não se mantém sobre as duas rodas ou como um giroscópio cai de seu fio assim que para de girar. Mas o giroscópio não sabe por que gira. Sua vertigem não tem sentido algum. Da mesma forma, o empresário não sabe mais exatamente por que vai atrás da inovação, ou melhor, ele sabe, mas esse conhecimento é totalmente negativo e não constitui mais um ideal, uma meta substancial: se ele inventa e inova o máximo que puder, não só nos produtos que coloca no mercado, mas na administração, na digitalização, na gestão de recursos humanos, na logística, na comunicação, na conquista de novos mercados etc., se pressiona constantemente suas tropas, se as convida a não se embrutecerem, e mesmo, paradoxo supremo vindo dele, a não se "aburguesarem", não é antes de mais nada para tornar o mundo melhor, mais livre e mais feliz, mas principalmente para não cair do fio, para não ser aniquilado ou absorvido pela concorrência, como o infeliz que tropeça no topo de uma grande escadaria acelera o passo e corre mais rápido na tentativa desesperada de recuperar o equilíbrio.

Duas consequências principais: primeiro, uma liquidação pura e simples do sentido da história; em seguida, e aqui está todo o problema das políticas ecológicas, uma perda de controle sobre o curso do mundo, o que chamei em outro lugar "despossessão democrática": ninguém tem a menor ideia do futuro que estamos construindo, ninguém sabe também por que o estamos construindo, pois nenhum de nós, nem mesmo o presidente americano, pode ter uma visão geral de todos os "motores da história" que contribuem para sua formação. Para usar o vocabulário da física de Newton, Estados, empresas, laboratórios de pesquisa, universidades, forças produtivas, sociais, culturais, intelectuais e políticas são como forças vetoriais que fazem avançar a história, mas como, uma vez globalizadas, elas são potencialmente infinitas em número, ninguém consegue nem dominar nem mesmo perceber a resultante antes que ela já esteja ali. Nessas condições, nenhum Estado em particular, nem mesmo o mais poderoso de todos, pode pretender controlar qualquer coisa que possa se assemelhar a uma reorientação da política mundial, com cada nação jogando seu próprio jogo. Ora, é essa política global que, no entanto, seria necessária se quiséssemos resolver problemas, eles também globais, como a produção de energia ou a mudança climática.

Dupla interrogação, pois, ao mesmo tempo sobre o sentido e sobre o poder, que se enxerta nas políticas ecológicas, sejam elas reformistas ou revolucionárias: como retomar o controle de um curso do mundo que nos escapa por todos os lados, como "dominar o domínio" e, sobretudo, com que finalidade? Questões que parecem, se não impossíveis, pelo menos infinitamente difíceis de resolver na ausência de instâncias de governança mundial, nenhum país podendo decidir, em um mundo de competição globalizada, penalizar seu crescimento, ainda que em nome da proteção do meio ambiente, se os outros não fazem a mesma coisa e se possível ao mesmo tempo! Por isso a necessidade, se quisermos ao menos nos encarregar dessas questões e não deixar que o curso do mundo o faça por nós às cegas, de potências pelo menos regionais, para nós da União Europeia, que, para além de suas falhas, seria o único nível em que uma política ecológica poderia encontrar sentido, uma vez que o nível nacional é definitivamente insuficiente. Daí também todo o interesse do ecomodernismo: ele é, com efeito, a única corrente da ecologia com possibilidade de ser integrada à política, visto que é a única a ser não apenas compatível com a lógica do crescimento econômico, mas também potencialmente rentável no longo prazo para as empresas.

Uma sociedade de decrescimento não seria, a bem dizer, inumana?

Por fim, e esta é a questão fundamental no plano filosófico, moral e espiritual: o decrescimento é viável de um ponto de vista antropológico? Seus defensores afirmam que ele é a única maneira de a humanidade durar. Como veremos na sequência do livro, não acredito nisso e concordo com os ecomodernistas nesse ponto. Mas mesmo admitindo que isso seja verdade, supondo que o decrescimento seja a única saída possível para a sobrevivência da espécie humana, a questão ficaria em aberto: o ser humano pode viver eternamente preso ao pedacinho de chão e ao local, colado no natural sem ter direito aos artifícios, sem buscar se aperfeiçoar, se educar ao longo da vida, inovar, dominar a natureza, destacar-se dela? Em outras palavras, um mundo de decrescimento não seria, no sentido literal do termo, um mundo inumano? Há ainda vida antes da morte na paisagem de biopolítica e de volta às *low-tech* que os colapsistas e os alarmistas revolucionários nos propõem? Eles nos dizem que temos de aceitá-lo se quisermos durar. Tudo bem, mas sobreviver e durar não é em si um objetivo suficiente para a humanidade, e se o preço a pagar é alto demais, se a perspectiva de mera sobrevivência não nos basta, o que fazemos? Devemos, para salvar nossa pele e proteger a natureza, renunciar ao que as filosofias da liberdade e da perfectibilidade nos ensinaram? E por que fazê-lo apenas em benefício de uma existência cujo único modelo seria a imitação da vida indefinidamente repetitiva das gerações que se sucedem "sem história" no mundo animal? Não há livros entre os animais, nem bibliotecas, nem escolas, nem instrumentos musicais, nem obras de arte e, para dizer a verdade, nenhuma historicidade além daquela, natural, descrita pela teoria da evolução. Com efeito, nada do que faz de nós humanos.

A liberdade humana tal qual já é pensada no mito de Prometeu, esse mito magnífico que os ecologistas desprezam, depois no Renascimento em Pico della Mirandola, em seguida em Rousseau, em Kant, em Sartre ou em Husserl, nos transforma necessariamente em "predadores", em destruidores do meio ambiente, porque ela nos define como seres em excesso, apartados da natureza? O fato de ter a capacidade de transcender, ou mesmo de se descolar dessa natureza à qual os animais estão completamente presos, nos condena necessariamente a destruí-la? Não acredito nisso. A prova é Rousseau, um amante da natureza, mas também da liberdade, que ele definia como nossa capacidade de se descolar dela. O certo é que nossa capacidade de perfectibilidade infinita, muito mais do que a inteligência ou a afetividade, de que os animais também são dotados, ainda que em menor grau, é a única que faz de nós humanos, pois não há humanidade sem história, sem inovação, e, para dizer a verdade, sem criações a bem dizer não naturais, artificiais, até mesmo antinaturais, por isso o modelo de vida que os teóricos do decrescimento nos propõem talvez seja apenas um modelo de sobrevivência que nenhum humano digno desse nome jamais desejará.

A questão, no mínimo, merece ser colocada, e é por isso que este livro só poderia terminar com uma reflexão sobre a questão da diferença entre animalidade e humanidade, diferença que, também aqui, pode e deve ser enfatizada sem que isso implique uma atitude cartesiana de desprezo e de maus-tratos contra os animais.

PARTE 1

RESET! RUMO AO FIM DO MUNDO?

CAPÍTULO 1

Colapsistas e colapsologistas *O fim do mundo é iminente e inevitável*

Embora se atribua a Pablo Servigne a invenção do termo "colapsologia", é sem dúvida com seu colega Yves Cochet que a tese do colapso do mundo está mais bem exposta e defendida. Especialmente em seu último livro, cujo título por si só já é bem eloquente: *Devant l'enffondrement. Essai de collapsologie. Le compte à rebours a commencé* [Diante do colapso. Ensaio de colapsologia. A contagem regressiva começou]. A opinião de Cochet é tão clara quanto categórica. De acordo com seus cálculos, com efeito, como vimos na introdução, e relembro aqui suas palavras para tê-las sempre em mente:

> O colapso da sociedade globalizada é possível a partir de 2020, provável em 2025, certo mais ou menos por volta de 2030 [...]. O período 2020-2050 será, portanto, o mais avassalador que a humanidade já terá vivido em tão pouco tempo. Dentro de alguns anos, ele será composto de três etapas sucessivas: o fim do mundo como o conhecemos (2020-2030), o intervalo de sobrevivência (2030-2040), o início de um renascimento (2040-2050).[1]

---

1 Yves Cochet, *Devant l'effondrement. Essai de collapsologie. Le compte à rebours a commencé*, Éditions Les Liens qui Libèrent, 2019, pp. 40 e 115.

Não concordo nem por um segundo com essas previsões, sobre as quais a honestidade me obriga a dizer que as considero totalmente fantasiosas. Não, não acho que o fim do mundo "como o conhecemos" seja para 2030 ou que 4 bilhões de seres humanos vão morrer. Acrescento que é sempre difícil expor objetivamente ideias nas quais não acreditamos, ou mesmo que rejeitamos de A a Z. No entanto, é o que vou me esforçar para fazer aqui, primeiro por respeito ao trabalho de Yves Cochet, um homem que conheço e sei que é sincero, depois porque o colapsismo que ele defende com unhas e dentes penetra cada vez mais nos círculos da ecologia política e, pelo menos nesse aspecto, deve atrair a atenção de qualquer pessoa que se interesse por eles. Nicolas Hulot voltou a declarar muito recentemente que tinha "dor de barriga" quando pensava no estado do planeta, e de Aurélien Barrau a Greta Thunberg, passando por movimentos como o Extinction Rebellion, as teses da "colapsologia" estão alcançando um público cada vez maior. Darei, portanto, a seguir, muitas citações originais retiradas dos trabalhos de colapsologia para que meu leitor possa julgar por si mesmo da forma mais objetiva possível. Quaisquer que sejam minhas opiniões, saiba que as deixo de lado por enquanto, mesmo que, isso é evidente, tenha de apresentar depois as críticas que me parecem essenciais.

Para que possamos compreender plenamente o que está em jogo quando os verdes falam de *colapso*, e antes mesmo de entrar na descrição, como veremos, muito precisa, das três etapas da catástrofe inevitável, é preciso esclarecer o que nossos colapsologistas entendem exatamente pela palavra "colapso". Aqui, novamente, prefiro deixar a palavra a Yves Cochet:

> Chamamos de colapso da sociedade globalizada contemporânea o processo ao final do qual as necessidades básicas (água, alimentação, moradia, vestuário, energia, mobilidade, segurança) já não são satisfeitas para a maioria da população pelos serviços regulamentados por lei. Esse processo diz respeito a todos os

> países e a todas as áreas das atividades humanas, individuais e coletivas. Trata-se de um colapso sistêmico global.[2]

Ele será marcado, de acordo com a sequência dessa passagem, por sete características, algumas das quais serão simplesmente apavorantes.

Primeiro, para ir ao essencial no plano humano, o *colapso* global vai se traduzir em um *despovoamento* sem paralelo: ao contrário das previsões da Organização das Nações Unidas (ONU), segundo as quais a população mundial deve se aproximar dos 11 bilhões de indivíduos em 2100,[3] o colapso resultará, segundo nossos colapsologistas, na morte de "pelo menos 4 bilhões de indivíduos em todo o planeta" por causa das guerras, das epidemias e da fome (sem falar nas previsíveis catástrofes nucleares no longo prazo, já que as usinas não terão mais manutenção). Ainda de acordo com Cochet (mas os números que ele apresenta são geralmente aceitos e repetidos por seus amigos colapsistas), a população francesa estará reduzida em 2050 a cerca de 30 milhões de pessoas no máximo – o que significa, com efeito, que perto de 40 milhões de franceses terão morrido no colapso.[4] Observemos, de passagem,

---

2 Cochet, *op. cit.*, p. 29 e seguintes.

3 Em julho de 2020, a ONU revisou suas previsões para baixo: a população mundial não ultrapassaria 8 bilhões e 800 milhões de pessoas, mas isso não estaria de forma alguma ligado a uma catástrofe qualquer, muito pelo contrário: são os avanços da educação, das políticas familiares e do acesso à contracepção que explicariam a "boa notícia".

4 Cochet, *op. cit.*, pp. 122-126: "A cada dois anos, durante o verão, a ONU publica suas projeções demográficas para o século. Em junho de 2019, essa instituição estimava que seríamos 9,7 bilhões de habitantes em 2050 e 11 bilhões em 2100, contra 7,7 bilhões atuais. Nossa principal hipótese, a de um colapso sistêmico global nos próximos anos, nos encoraja a refutar essas projeções de crescimento. Infelizmente, é de se temer que as três principais razões que historicamente reduziram o número de humanos vão se combinar durante esse futuro sombrio: guerras, epidemias e fome [...]. Precisamos estimar o tamanho da população mundial e a da França por volta de 2050, portanto, após as etapas 'fim do mundo como o conhecemos' e 'intervalo de sobrevivência'. Nossa hipótese é que menos da metade dessas populações sobreviverá, ou seja, cerca de 3 bilhões de seres humanos na Terra e cerca de 30 milhões no atual território da França".

que a hipótese catastrofista não invalida apenas as previsões da ONU, mas evidentemente também as do Painel Intergovernamental sobre Mudanças Climáticas (da sigla em inglês IPCC), estas últimas já não tendo, é claro, a mesma pertinência, dado que pretendem fixar intervalos para o aumento da temperatura entre agora e o final do século com base nas previsões demográficas apresentadas pela ONU e mantendo, ademais, a convicção de que nossos sistemas de produção, longe de colapsar, irão na verdade se desenvolver ainda mais vigorosamente.

Em segundo lugar, o colapso global sistêmico engendrará uma *desestruturação total* de nossas sociedades baseadas na existência de classes sociais hierarquizadas e organizadas verticalmente. Perante a catástrofe absoluta, como nos campos de concentração durante a guerra, os indivíduos se verão mais ou menos em pé de igualdade, as diferenças não se baseando, de qualquer modo, naquelas que já existiam nas ordens sociais anteriores. Em seguida, é evidente que, pelas mesmas razões, as segmentações tradicionais entre sexos, religiões, culturas, até mesmo línguas, desaparecerão em favor de novas formas de relações sociais organizadas essencialmente em torno do par conhecido-desconhecido: é com o vizinho, seja ele quem for, que se terá de aprender a reviver depois dessa *dessegmentação*, e isso tanto mais porque, quarto ponto, as formas motorizadas de mobilidade que conhecemos (automóveis, barcos a motor, aviões, motos etc.) terão evidentemente desaparecido por falta de eletricidade e de combustível, engendrando uma "desmobilidade" geral. A divisão do trabalho também desaparecerá, e o mundo pós-colapso será o da *desespecialização*, cada indivíduo tendo de cumprir várias tarefas diferentes, como em uma comunidade "alternativa": para dar apenas um exemplo, uma vez desaparecidas as forças da ordem (a polícia e o exército), cada um terá de assumir as funções de manutenção da paz social por revezamento. Sexto elemento: como o Estado evidentemente também terá sido destruído, ao mesmo tempo que todas as instituições soberanas, levando a uma *desestruturação* total da sociedade, será necessário inventar novas formas de organizações políticas; elas se darão necessariamente por "biorregiões locais" e não mais por nações.

Por fim, sob o efeito do decrescimento das atividades, das trocas de informações, de serviços e de mercadorias, essas novas organizações humanas experimentarão um processo maciço de *redução da complexidade*, associado a um retorno às tecnologias básicas, as famosas *low-tech* tão elogiadas pelos teóricos do decrescimento.

Há de se notar que quase todas as palavras com as quais nossos colapsistas descrevem o processo catastrófico começam com um "de" como em "decrescimento". Trata-se, pois, de um desmonte ou de uma desconstrução radical de tudo o que havia sido construído, e para dizer a verdade mal construído, antes, portanto de um passo para trás, mesmo que ele não possa ser uma reativação idêntica do *status quo ante*.

Um colapso em três etapas, gerado por múltiplas causalidades

Sendo o colapso, como vimos, "possível em 2020, provável em 2025 e certo por volta de 2030", nosso colapsologista começa a nos indicar suas possíveis causas, desordenadamente: uma guerra nuclear vai gerar uma nuvem de cinzas e um afinamento da camada de ozônio que causará cânceres terríveis e depois grelhará os humanos como linguiças em uma churrasqueira; uma cepa virulenta, tão mortal quanto o Ebola, vai provocar uma terrível pandemia da qual a Covid-19 (que encantou Cochet)[5] é apenas um modesto antegosto; uma crise agrícola causada por pesticidas e pela redução dos polinizadores; o declínio da oferta de petróleo provocará uma série

5 Com um ar encantado, ele não hesitou em confessar aos amigos que "não achava que aconteceria tão rápido", como se a crise do coronavírus estivesse ligada aos excessos do produtivismo e da globalização liberal, ao passo que o vírus veio de mercados chineses totalmente arcaicos e locais, uma vez que os países modernos recusam o consumo de animais vivos e selvagens por saberem muito bem que isso é de uma crueldade inumana e traz riscos sanitários. As condições em que os animais vivos são amontoados em jaulas e mortos às pressas são simplesmente imundas e inaceitáveis em nossas democracias, certamente ainda muito imperfeitas nesse quesito, mas ainda assim progredindo.

de crises econômicas e financeiras, mas também um colapso sistêmico global das cadeias de produção e de distribuição de bens e de serviços; uma elevação do nível do mar ligada ao aquecimento climático submergirá repentinamente todas as cidades costeiras do planeta; um desmatamento acelerado levará à queda da civilização ocidental por falta de madeira; ou ainda todas essas razões mais ou menos ao mesmo tempo, desencadearão guerras e episódios de violência incontroláveis.

Cochet nos deixa a escolha, mas o que é certo para ele é que a mortalidade humana será terrível nos anos 2030 ao longo desses episódios, certamente lamentáveis, mas agora totalmente inevitáveis, já que o modelo "produtivista/liberal" é, ao contrário do que os alarmistas fingem acreditar, incapaz de se reformar ou de ser substituído por outro enquanto a catástrofe não tiver acontecido.[6] Só mais tarde poderemos assistir ao possível renascimento de uma humanidade que finalmente terá recebido o que merecia e que poderá então tirar lições disso.

O mundo depois da catástrofe: um renascimento possível da humanidade em 2050 em cinco dimensões vitais

Começará então o período de sobrevivência (2030-2040) em que, como nas séries catastróficas do tipo *The walking dead*, pequenos grupos desorganizados viverão de saquear e pilhar o que ainda é utilizável para sua sobrevivência em um planeta devastado, antes

6 Cf. Cochet, *op. cit.*, p. 116: "Paradoxalmente, ainda que o colapso consista em eventos que são todos de origem antrópica, os humanos, qualquer que seja sua posição de poder, não podem senão modificar marginalmente a trajetória fatal que leva a ele. Com efeito, para além da profunda perturbação da dinâmica dos grandes ciclos naturais do sistema Terra, uma outra causa paralela, puramente psicossocial, reforça esse avanço para o colapso. Trata-se do sistema de crenças atualmente predominante no mundo: o modelo liberal/produtivista. Essa ideologia é tão significativa que nenhum conjunto alternativo de crenças consegue substituí-la enquanto o evento excepcional do colapso não tiver ocorrido".

que chegue, por volta de 2050, o período do renascimento possível da humanidade (mas nada é garantido). Será necessário então se reorganizar nas cinco dimensões a bem dizer vitais para a existência humana: a política, a energia, a alimentação, a mobilidade, mas também a cultura e o pensamento.

1. Primeiro no nível político: as "biorregiões"

Cochet não hesita em desenvolver nos mínimos detalhes o cenário de ficção científica que ele continua acreditando ser o mais provável: em seu "mundo de depois", a política será "biorregionalista". Com efeito, todos os colapsistas concordam com ele em um ponto:[7] a vida política se reorganizará na forma de "biorregiões", uma nova forma de organização que Cochet reivindica e que já descreve não no modo condicional, mas no futuro, em termos notavelmente precisos, como se estivesse escrevendo um roteiro de filme:

> Em meados do século (portanto em 2050, após o colapso dos anos 2030 e a sobrevivência dos anos 2040), mil novas e diferentes formas de organizações políticas locais emergirão da barbárie, extinta na maioria dos continentes. Na França, cada biorregião terá um Microestado simples. Com isso queremos dizer que uma comunidade humana autônoma, isto é, um nível de organização territorial que não estará subordinado a nenhum outro superior a ele, terá se formado em torno dos três valores republicanos – na verdade, sobretudo a fraternidade – e terá instituído uma "assembleia" e um "governo", o qual deterá o monopólio da violência física legítima. Todos têm o direito de serem protegidos pelo Estado local, ninguém mais pode exercer esse poder.[8]

---

7 Ver os três volumes coletivos publicados pela editora Presses de SciencesPo sobre a temática colapsista sob o título comum *Politiques de l'anthropocène* [Políticas do antropoceno] em 2013, 2015 e 2017, sob a direção de Agnès Sinaï e de Mathilde Szuba.

8 Cochet, *op. cit.*, p. 127.

Mathilde Szuba tentou definir essa nova sociedade da seguinte forma[9] – peço desculpas pela extensão da citação, mas ela deve ser lida atentamente, pois tem o mérito de reunir todos os elementos essenciais daquilo que os colapsologistas imaginam ser a boa organização política depois da catástrofe (como sempre acontece com as utopias, encontramos seu início já bem estabelecido na realidade, por exemplo, naquilo que os militantes da ZAD de Nantes* apresentam como seu ideal social):

> Uma biorregião é um território local delimitado por realidades ecossistêmicas e sociais, adaptado à resistência ao colapso. É um apelo à ação solidária local para organizar e manter uma certa coesão social e meios de subsistência autossuficientes, nomeadamente nas áreas alimentar e energética. É um bem comum, autogovernado, para a valorização dos recursos e dos saberes locais. É uma sociedade de democracia participativa, de solicitude, do "*care*" [...]. É uma política de racionamento democrático dos recursos básicos que permite que nada falte a ninguém e proíbe a todos o consumo em excesso. É a melhor alternativa para o fracasso da globalização e os riscos subsequentes do autoritarismo, do fascismo ou da barbárie [...]. Não há ali nenhuma identidade localista reacionária, nenhum fechamento para as outras biorregiões.

---

9 Num seminário do Institut Momentum, em novembro de 2014. Citado por Yves Cochet em seu livro, p. 235.

* ZAD é a sigla de *Zone à Defendre* ou Zona a Defender. A ocupação que deu origem à primeira ZAD data de 2014, em Notre-Dame-des-Landes, perto de Nantes, em oposição à construção de um aeroporto nos arredores. Em seguida, após o governo francês abandonar o projeto do aeroporto, a ZAD se tornou uma zona de experimentação de uma vida em comunidade, sem Estado e sem relações comerciais. Hoje existem outras ZAD espalhadas pelos territórios francês, belga e suíço (N.T.).

2. Energias 100% renováveis, sendo a energia nuclear uma loucura

Evidentemente já não haverá, nessa fase do colapso, nem energias fósseis nem eletricidade, sendo agora as energias renováveis as únicas disponíveis, e olhe lá, desde que não contenham elementos como as "terras-raras", metais cuja extração ultrapoluente pressupõe, de todo modo, tecnologias que não teremos mais. Nessas condições, também a energia nuclear terá desaparecido, mas as centrais atômicas vão se tornar para os sobreviventes o maior de todos os perigos.[10] Por isso, seria razoável para os colapsologistas se livrar desde já da energia nuclear, uma vez que o argumento segundo o qual ela fornece uma energia que não contribui para o aquecimento climático deixa de ter qualquer interesse na perspectiva do fim do mundo.

3. Uma alimentação essencialmente vegetal, local e sazonal

Aqui, mais uma vez, contento-me em citar Cochet para que meu leitor possa medir até que ponto ele descreve o funcionamento do "mundo de depois" nos mínimos detalhes, como se já estivesse lá e tivesse se tornado o senhor de nossas travessas:

> O regime alimentar de hoje será modificado da seguinte forma: redução do consumo de carne para alguns frangos trimestrais, multiplicação por cinco dos volumes de feijões e de legumes, por dois dos de frutas locais da estação, redução de três quartos das gorduras e dos óleos e um aumento correspondente em nozes e avelãs, eliminação de açúcares que não o mel, latící-

10 Cochet, *op. cit.*, p. 136: "Quando a água evaporasse em poucos dias, as varetas de combustíveis se aqueceriam até entrarem em combustão e derreterem, com a possibilidade de liberar hidrogênio por radiólise da água produzida pela interação com o concreto. Explosões dispersivas poderiam então espalhar elementos radioativos no meio ambiente. Em certas regiões da França, uma contaminação radioativa de longa duração tornaria os territórios afetados inabitáveis, até mesmo intransitáveis...".

nios principalmente de cabras, finalmente milho doce, castanhas e farinha de bolota.[11]

Quanto ao vinho tinto, rosé ou branco, que poderiam dar alguma graça a essas magras refeições, nem pense nisso: mesmo com a ajuda das *low-tech*, a humanidade terá coisas mais urgentes e melhores para fazer que fabricar álcool.

4. Uma mobilidade natural: cavalos, burros, velas, remos e... pés!

Evidentemente, tudo o que funciona com um motor terá desaparecido por falta de combustível, mas também de peças sobressalentes. As próprias bicicletas não sobreviverão à catástrofe por muito tempo, pois sua manutenção e seu reparo gradualmente se tornarão impossíveis. Devemos, portanto, antecipar desde agora, mesmo antes do colapso, a mobilidade do futuro, se quisermos sobreviver ao desastre. Nosso amigo colapsista assegura calmamente:

> Proponho, pois, desde já uma política dos transportes completamente diferente, cujo modo principal, a partir de 2035, deveria ser o cavalo (com todo o respeito em razão da condição animal). Planejo o desaparecimento da Renault e da PSA e, ao mesmo tempo, amplio consideravelmente os haras nacionais. Supondo que a Terra ainda seja habitável no caos global dos anos 2030, será mais resiliente ter um cavalo que um automóvel (elétrico).[12]

Alguém pode se perguntar: o que será dos trabalhadores das fábricas de automóveis? A resposta, no entanto, é simples. Primeiro, o problema estará resolvido para grande parte deles (para todos aqueles que terão morrido durante a catástrofe), já para os demais, eles terão de enfrentar os fatos: sem petróleo ou eletricidade, um bom e velho cavalo de tração é melhor que todas as Ferraris do mundo!

---

11 Cochet, *op. cit.*, p. 140.
12 *Ibidem*, p. 201.

5. Um novo pensamento e uma nova concepção do mundo com base em três teses fundamentais

Por fim, é uma nova forma de pensamento e uma nova concepção do mundo que deverão ser empregadas para acompanhar o possível renascimento da humanidade. Ele vai se basear em três teses principais. Mas antes será preciso acabar com a ideia de "capitaloceno", com a crença, no entanto bem ancorada na ecologia de esquerda, de que com uma sociedade e com um regime político anticapitalistas tudo seria melhor. Cochet, aqui mais lúcido e mais coerente que seus amigos adeptos do decrescimento, diz em alto e bom som: o social/produtivismo não é melhor que o liberal/produtivismo. Logo depois, ele não hesita, e devemos admitir que não está errado neste ponto, em denunciar a ilusão de ecologistas marxistas que imaginam que, ao abolir a propriedade privada, as coisas serão melhores porque as decisões serão tomadas coletivamente. Como diz Cochet:

> encontramos aqui a enésima versão da ideia segundo a qual o capitalismo e seu atributo constitutivo – a propriedade privada dos meios de produção – são a principal causa da devastação ecológica, às vezes acompanhada da ideia de que um sistema comunista seria mais protetor para o meio ambiente. A história da URSS ou da China mostra que não é bem assim.[13]

O produtivismo, que é a única verdadeira causa da devastação, é tanto de esquerda como de direita, tanto comunista como capitalista. Para ele é, portanto, ingenuidade incriminar o "Capitaloceno", como dizem alguns, quando é o produtivismo em todas as suas formas que está em questão. É, portanto, do "Antropoceno" que devemos falar, isto é, deste momento da história em que toda a humanidade perturba os equilíbrios naturais e leva à sua perda.

De fato, e esta é a segunda tese que deve fundar uma ecologia colapsista digna desse nome, a noção de Antropoceno, nessa pers-

---

13 *Ibidem*, pp. 240-241.

pectiva, é a categoria de pensamento mais profunda que existe. Deixemos mais claro, para aqueles meus leitores que não estão familiarizados com esse termo, que designa essencialmente um período da história da Terra (o nosso) em que estão ocorrendo perturbações consideráveis ligadas à incidência global das atividades humanas sobre o ecossistema terrestre. A noção de Antropoceno é rejeitada por muitos geólogos, que a consideram mais ideológica que científica. No entanto, é adotada por todos os ecologistas radicais, em particular, é claro, pelos colapsistas. A etimologia desse neologismo, que provém de duas palavras gregas, é a seguinte: *anthrôpos* (o "ser humano") e *kainos* (o "novo"), designando o Antropoceno, assim, uma nova era dominada pelo impacto da humanidade no planeta. Segundo Cochet, essa categoria fundamental do pensamento colapsista pode ser resumida em três proposições, que

> embora curtas, contêm quase todo o caráter inédito e surpreendente da reflexão política sobre o Antropoceno: a) quanto ao pensamento, é a ideia significativa, embora insuportável, de que o Antropoceno leva ao colapso do mundo no curto prazo (uma ou duas décadas); b) quanto à ação, é a implementação de uma política biorregionalista para minimizar o número total de mortes no planeta; c) essa política de resiliência deverá avançar rapidamente para a autossuficiência alimentar e energética em pequena escala.[14]

Por fim, será necessário se libertar das velhas concepções da história e do desenvolvimento que se baseiam em dois esquemas ultrapassados. Em primeiro lugar, o modelo linear/progressista especialmente valorizado no tempo do Iluminismo e das ideologias do progresso. Em seguida, o modelo de desenvolvimento "em forma de sino", chamado "agostiniano", porque, segundo Santo Agostinho, as civilizações e as sociedades são como os seres vivos: nascem, crescem até atingir um pico, depois declinam e morrem. O primeiro esquema é o mais falacioso. É aquele que ainda sustenta

---

14 *Ibidem*, p. 233.

as ideologias produtivistas tanto de esquerda como de direita, mas, infelizmente, também as ecologias do crescimento verde e do desenvolvimento sustentável. O único modelo pertinente, de acordo com Cochet, é o modelo descontinuísta/catastrofista:

> O vocabulário e os conceitos suaves, progressivos e regulares do primeiro e do segundo modelos são substituídos por um arsenal de noções e de imagens que expressam rupturas, bifurcações, catástrofes na variação dos sistemas,[15]

já que apenas a noção de descontinuidade radical permite pensar adequadamente o Antropoceno e a catástrofe que se desenha no horizonte próximo.

Lost in transition. O que fazer enquanto se aguarda o fim do mundo? Os conselhos de Pablo Servigne

O problema nesse caso é que, como o fim do mundo ainda não é para já, as chances de conquistar o apoio dos povos no seio de sociedades produtivistas totalmente voltadas para o crescimento e o consumo são baixas. É preciso, portanto, continuar a viver enquanto esperamos por uma paradoxal salvação pelo colapso. O que fazer nesse meio-tempo, como viver enquanto a catástrofe salvadora ainda não tiver levado à morte os bilhões de indivíduos que a colapsologia nos promete para breve? A resposta do inventor desta nova disciplina pode ser resumida em uma palavra: transição! É nessa perspectiva em forma de espera que Pablo Servigne e Raphaël Stevens acrescentam às teses de Yves Cochet uma estranha reflexão sobre a inevitável fase intermediária que nos separa do colapso. Aqueles que não estão em negação, que perceberam a inevitabilidade do drama que se desenrola, encontram-se com efeito em uma situação excepcional, em uma espécie de dilaceramento particularmente difícil de viver. Por um lado, continuam necessaria-

15 *Ibidem*, p. 47.

mente habitando em uma sociedade sobre a qual estão convencidos que conduz à catástrofe, até se aproveitam de alguns benefícios que ela ainda oferece, por exemplo, o sistema de saúde, mas, em contrapartida, se sentem na obrigação de preparar o renascimento. "Perdidos na transição", estão de certa forma divididos entre esses dois mundos, o de antes e o de depois. Defendem, portanto, instaurar desde já modos de vida "decrescentes" que vão nos preparar para prescindir pouco a pouco de tudo o que o mundo moderno nos oferece em termos de bem-estar, cuidados, aquecimento, climatização, transporte, alimentação, eletricidade etc.

Quanto ao diagnóstico, ele é para Servigne e Stevens, em substância, o mesmo que o de Yves Cochet, ou seja, para continuar a prosperar, nossas sociedades produtivistas são simplesmente obrigadas a destruir o planeta e finalmente a vida em todas as suas formas:

> Para salvar o motor de nossa civilização industrial, é preciso ultrapassar cada vez mais fronteiras, isto é, continuar prospectando, cavando, produzindo e crescendo cada vez mais rápido. Isso leva inevitavelmente a pontos de oscilação climáticos, ecológicos e biogeofísicos, bem como ao pico dos recursos, portanto, no fim das contas, a um colapso econômico que poderia se desdobrar em um colapso da espécie humana, até mesmo de quase todas as espécies vivas.[16]

Seria preciso então parar com tudo, uma vez que o colapso já está programado. Idealmente, seria até preferível provocá-lo voluntariamente desde já para poder controlar seus efeitos, como explica esta outra passagem particularmente significativa de seu livro:

> Eis onde estamos. Para nos proteger de perturbações climáticas e ecossistêmicas demasiado grandes (que são as únicas a ameaçar a espécie), o motor deve ser desligado. O único caminho a ser tomado para criar um espaço sem perigo é, pois, parar a pro-

---

16 Pablo Servigne e Raphaël Stevens, *Comment tout peut s'effondrer*, Seuil, 2015, p. 129.

> dução e o consumo de energias fósseis, o que leva a um colapso econômico e provavelmente político e social, até mesmo ao fim da civilização termoindustrial.[17]

Nessas condições, é evidente que contar, como fazem todos os governos do mundo, com o retorno do crescimento para salvar a situação é absurdo: segundo os colapsistas, chegamos ao pico das energias fósseis abundantes e baratas, o que simplesmente assina a sentença de morte de nossa civilização industrial.

Claro, como veremos em particular na segunda parte deste livro, os ecomodernistas e os teóricos da economia circular pensam exatamente o contrário, ou seja, que ainda temos energias fósseis para pelo menos um século, e até muito mais quando se trata do gás e do carvão, e que isso nos dá muito tempo para desenvolver outras fontes de energia, em particular a fusão nuclear, que será uma energia ao mesmo tempo limpa, segura e disponível para toda a humanidade por centenas de milhões de anos. Independentemente de como se desenrolar esse debate, se nos colocarmos do ponto de vista dos colapsistas, é evidente que a catástrofe acontecerá muito antes da fusão nuclear ser acessível, de modo que é preciso desde já entrar de cabeça na fase de transição, um período que Servigne e Stevens descrevem, como seria de esperar, como um retorno ao local, à região rural, à frugalidade e ao racionamento coletivo:

> Nunca é demasiado tarde para construir sistemas resilientes em escala local que permitirão suportar melhor os futuros choques econômicos [...]. Do ponto de vista político, a transição é

---

17 *Ibidem*, ver também p. 250: "A certeza é que nunca mais voltaremos à situação 'normal' que conhecemos ao longo das décadas anteriores. Em primeiro lugar, o motor da civilização termoindustrial – o par energia/finanças – está à beira da extinção. Limites são atingidos. A era das energias abundantes e baratas está chegando ao fim, como evidencia a corrida às energias fósseis não convencionais com custos ambientais, energéticos e econômicos proibitivos. Isso enterra definitivamente qualquer possibilidade de um dia recuperar o crescimento econômico e assina, portanto, a sentença de morte de um sistema baseado em dívidas que simplesmente nunca serão pagas".

> um objeto estranho, pois paradoxal. Ela implica ao mesmo tempo aceitar a iminência das catástrofes – ou seja, fazer o luto de nossa civilização industrial – e estimular a emergência de novos e pequenos sistemas *low-tech* que ainda não constituem um "modelo", nem um "sistema". Do ponto de vista concreto, a fase de transição – por definição temporária – deve então levar à coexistência de dois sistemas, um moribundo e outro emergente, incompatíveis em muitos pontos em seus objetivos e em suas estratégias, em particular no crescimento...[18]

Servigne e Stevens fazem então tudo o que podem para nos apresentar esse período intermediário como repleto não só de lucidez, mas também de esperança e de alegria, de numerosas experiências de "transição" que lembram as comunidades alternativas do pós-maio de 68 (o famoso "carneiro nos Causses" do qual os álbuns do quadrinista Gérard Lauzier gentilmente zombaram) e já estão em andamento:

> O sucesso do movimento de transição vem do fato de seus participantes adotarem uma "visão positiva" de futuro. Para evitar afundar no marasmo, imaginam juntos um futuro até 2030, sem petróleo e com um clima desregulado, mas onde será agradável viver! O poder da imaginação está nos detalhes. Basta desenhá-los, imaginá-los, sonhar juntos [...] depois arregaçar as mangas e começar a materializá-los. Essa estratégia se mostrou extremamente poderosa em termos de mobilização e criatividade...[19]

Com a exceção das *low-tech*, no campo da medicina – voltaremos a elas mais adiante –, o que nos resta é a morte: sem a medicina moderna, com suas ressonâncias magnéticas, *scanners*, imunoterapias que curam melanomas que ainda eram mortais dez anos atrás, reprogramação de células imunológicas com a ajuda de CRISPR, quimioterapias, cirurgias robóticas, triterapias para Aids, e milhares

---

18 *Ibidem*, p. 238.
19 *Ibidem*, p. 239.

de outras, a expectativa de vida em transição voltará rapidamente ao que era na Idade Média, a vantagem de jogar nos dois mundos ao mesmo tempo sendo simplesmente colossal: podemos desfrutar das alegrias do campo e da natureza selvagem por um lado, enquanto nos beneficiamos, quando necessário, das alegrias da cidade grande e do mundo moderno ainda localizados a algumas horas, até mesmo a alguns minutos de carro de seu pequeno paraíso local.

Elogio ao racionamento, uma "ferramenta" supostamente "convivial"[20]

Para nos convencer de que tudo isso é realista, possível e até plausível (etimologicamente: que pode ser "aplaudido"), nossos dois autores citam os trabalhos de uma de suas colegas, Mathilde Szuba, que enaltece o racionamento como "ferramenta de solidariedade convivial" (*sic*!). Minha mãe, com quem falei sobre isso porque ela morou na região parisiense nos anos 1940-1945, perdeu mais de vinte quilos no período devido à escassez de alimentos, depois experimentou ainda durante o pós-guerra os famosos cartões de racionamento, o mercado negro, as filas de espera em frente às padarias e as querelas que elas suscitavam todos os dias, lança sérias dúvidas sobre o caráter convivial desse modo de vida. No entanto, segundo os colapsistas, este será um momento de partilha e de alegria solidárias, pois evidentemente, depois do colapso – mas já compreendemos que, na fase de transição, devemos começar a nos acostumar – será preciso racionar todos os bens disponíveis, e uma amigável e coletiva frugalidade vão se tornar a regra em uma sociedade sem eletricidade, sem petróleo, sem agricultura intensiva, sem maquinário motorizado, sem medicina moderna, sem serviços e sem *high-tech*. Como a comunidade da "biorregião" terá deixado

20 Cf. Mathilde Szuba, "Le rationnement, outil convivial", in *Gouverner la décroissance. Politiques de l'Anthropocène III*, Les Presses de SciencesPo, 2017, p. 95 e seguintes.

de ser produtivista, sendo o decrescimento a regra para todos, será necessária uma estrita regulação dos bens disponíveis.

Para ilustrar seus argumentos, Servigne e Stevens nos oferecem dois exemplos particularmente encantadores de períodos da história em que o racionamento era a regra: Cuba nos anos 1990, por causa da falência do sistema agrícola comunista, e a velha Europa durante as duas Guerras Mundiais. Não tenho certeza de que essas ilustrações são exaltantes para todos, mas, afinal, nossos autores têm razão pelo menos em um ponto: houve de fato racionamento durante esses tempos particularmente sombrios, tanto em Cuba como na França, e é desse lado que é preciso encontrar, segundo eles, um modelo de sociedade de transição "coletivo e solidário". Aqui, novamente, prefiro citá-los por temer que as pessoas pensem que estou caricaturando o pensamento deles:

> É mesmo para as situações de guerra (portanto, de penúria) que devemos olhar. Com efeito, seria possível imaginar uma política mais característica de um colapso do que o racionamento? Em Paris, em 1915, por exemplo, a escassez de produtos básicos havia causado uma situação social tão explosiva que as autoridades da cidade, apesar da relutância do governo, decidiram fixar um preço para o carbono e racioná-lo,

o que gerou uma espécie de política solidária "em um mundo comprimido por limites", porque, como mostra Mathilde Szuba:

> enquanto a abundância permite a independência, a limitação dos recursos introduz a interdependência, duas ideias fortes sendo então associadas ao racionamento, a das quotas justas, ou seja, calculadas de forma equitativa a partir da quantidade disponível, e a da igualdade para todos, evocando uma suspensão dos privilégios sociais.[21]

21 *Ibidem*, pp. 244-245.

Tive a oportunidade de ouvir as histórias de quem conheceu os campos de concentração alemães durante a última guerra. Muitas vezes me disseram que, com efeito, essas prisões ao ar livre viviam de acordo com princípios que são de fato aqueles descritos por Mathilde Szuba: os privilégios sociais haviam desaparecido e a escassez dos bens fazia aqueles que tentavam reconstruir alguns privilégios tornando-se amigos dos carrascos serem considerados simplesmente canalhas e traidores. Suas condições de vida sem dúvida melhoravam, mas sua existência só se tornava mais arriscada e mais precária, uma vez que os outros prisioneiros tinham uma deplorável propensão para a vingança rápida. Isso dito, contudo, não estou certo de que essa interdependência forçada por uma situação aterradora possa ser apresentada como um modelo de "convivialidade", tendo a experiência provado que todos fizeram todo o possível para sair dela durante e depois da guerra.

"Happy collapse"! O amor à região rural, o ódio ao mar aberto, às viagens e ao pensamento alargado

No período de transição, quanto mais cedo se optar pelo decrescimento, mais bem organizado ele será e menos a catástrofe será total.[22] É portanto vital começar desde já a preparar a continuação, é por isso que, por exemplo, é imediatamente que a Renault e a PSA devem ser fechadas, a fim de que todo o território seja coberto com haras, Cochet zombando então do "delicioso catastrofismo esclarecido" defendido por Jean-Pierre Dupuy,[23] uma tese que pretende nos ajudar a evitar o fim do mundo representando para nós a possibilidade de sua ocorrência, o que é muito bom, mas não faz sentido algum se esse fim já é certo. Esta é, aliás, uma objeção que Jean-Pierre Dupuy opõe aos colapsologistas, por exemplo,

22 *Ibidem*, p. 234: "Na perspectiva assustadora desse colapso global, o número de mortes será menor se a organização da sobrevivência civilizada for realizada na escala local de acordo com mil esquemas diferentes resultantes do conhecimento dos meios e dos talentos dos habitantes".
23 Cochet, *op. cit.*, p. 234.

neste trecho de uma entrevista concedida em fevereiro de 2020 à *Philosophie magazine*, em que declara,

> Tenho raiva dos colapsologistas porque a causa é essencial: estamos com efeito à beira do abismo, mas, ao afirmar que o colapso vai ocorrer não importa o que façamos, com o fatalismo mais sumário, os colapsologistas negam paradoxalmente que suas palavras possam ter qualquer efeito. Seu catastrofismo é, pois, simplesmente irracional,

assim como, segundo Dupuy, os colapsologistas não entendem nada dos sistemas complexos que, embora vulneráveis, são infinitamente mais resilientes do que pensam. Não apenas a catástrofe, embora possível, não é de modo algum certa (o diagnóstico e o prognóstico dos colapsistas são errôneos, até intencionalmente exagerados), mas também seu discurso desespera todos os "Billancourt", como os comunistas evitaram fazer em outros tempos (quando o relatório Khrushchov revelou os crimes de Stálin e o Partido se recusava a aceitá-lo e *a fortiori* a informar suas tropas para não as desmobilizar).

A honestidade, porém, obriga-nos a dizer que Yves Cochet e os colapsistas responderam repetidas vezes a essas objeções. Na realidade, eles concordam plenamente com a ideia de que a palavra deles não terá nenhum efeito de melhoria na situação catastrófica. Isso não é nem algo que ignoram, nem uma realidade que procuram ocultar, muito pelo contrário, como Cochet não cessa de dizer no livro que citamos, uma obra que sublinha não sem razão o fracasso das tentativas meramente "alarmistas", quer elas sejam reformistas quer sejam revolucionárias e adeptas do decrescimento. E Cochet se inclui no pacote, declarando a quem quiser ouvir que seu discurso catastrofista não teria nenhuma chance de ser ouvido por quem quer que fosse em uma campanha eleitoral! E como ninguém realmente acredita em colapso e como todos, inclusive os alarmistas, estão em negação, inclusive Jean-Pierre Dupuy, que considera os sistemas complexos resilientes o bastante para resistir a choques, então as previsões colapsistas, na verdade, não podem ter efeito algum.

É dito e assumido como tal. Nessas condições, para que escrever? Para alertar? É melhor se preparar para o depois, a fase que se seguirá ao colapso: se o discurso colapsista pode ser útil, não é para evitar o inevitável, mas, como vimos, para preparar o "dia de depois", para pensar o renascimento dos anos 2050, esboçar os princípios de uma política das "biorregiões" em todas as áreas essenciais à vida humana, alimentação, energia, mobilidade etc. Podemos discordar tanto do diagnóstico de Cochet como de suas previsões apocalípticas, mas não podemos acusá-lo seriamente de incoerência. Mesmo um delírio paranoico pode ter sua racionalidade.

Já que temos de trabalhar desde agora no mundo de depois, temos desde hoje, segundo Pablo Servigne e seus amigos colapsologistas,[24] uma necessidade urgente,

> para ter o máximo de chance de nos recuperarmos após os choques, de inventores loucos, de zadistas, de sobrevivencialistas, de ativistas, de militantes, de meditadores, de ecopsicólogos, de animadores de estágios de imersão em ambiente selvagem, de animadores de inteligência coletiva

e, finalmente, de "todo mundo"... exceto pessoas como eu, evidentemente, porque, ouso admitir, preciso de tudo na minha vida, menos de zadistas, de ecopsicólogos, de sobrevivencialistas e de animadores psicodélicos de meditação de todos os tipos.

Para ser franco, o mundo de acordo com Servigne é, para mim, uma boa aproximação do que o inferno poderia ser. Que esse universo reduzido ao local e ao orgânico seja o dos colapsistas, que eles lá se encontrem e possam viver nele desde já é evidentemente um direito deles. Estou até feliz por eles que nossas pacíficas democracias pluralistas, que autorizam todos os modos de vida, permitam que eles já façam seu ninho nesse universo. Que queiram impô-lo a todos em nome de uma ideologia improvável, porque são incapazes de imaginar outra coisa que não seja seu modelo so-

---

24 Cf. Pablo Servigne, Raphaël Stevens e Gauthier Chapelle, *Une autre fin du monde est possible*, Seuil, 2018, p. 276.

brevivencialista, é uma outra questão contra a qual lutarei até meu último suspiro – em nome do direito ao mar aberto, às viagens e ao pensamento alargado, em nome da recusa desse assustador enraizamento na região rural e das aterradoras biorregiões às quais os colapsologistas aspiram. Para ser claro, eu preferiria sem hesitação correr o risco de morrer a aderir por medo ao ideal de vida diminuída que eles desejam estabelecer por bem ou por mal.

CAPÍTULO 2

Os alarmistas revolucionários *Decrescimento ou fim do mundo*

Em seu livro *Le plus grand défi de l'histoire de l'humanité* [O maior desafio da história da humanidade] (2019), Aurélien Barrau, um militante linha-dura a favor do decrescimento, lança o alarme: "Esta pequena obra", ele confessa "faz parte de um gesto de 'última chance', como uma súplica ao poder público: não considerar a ecologia como prioridade máxima é um 'crime contra o futuro'. Não fazer uma revolução em nosso modo de ser é um 'crime contra a vida'". Segue-se uma série de constatações consternadas e catastróficas sobre o estado do planeta, constatações que podem ser resumidas em três categorias principais.

1. A extinção das espécies e, de modo mais amplo, da vida

Para Barrau, este parece ser o problema número 1 (o que não significa que os outros não existam e isso ainda menos porque contribuem para ele). O expansionismo humano é a principal causa disso,[1] mas existem algumas outras que agravam ainda mais o pro-

1 "O expansionismo humano desmesurado é a causa principal do declínio das outras formas de vida. Por exemplo, 95% das pradarias de grama alta na América do Norte e 50% da savana tropical se tornaram zonas totalmente 'humanizadas'. Essa

blema: a introdução de espécies invasivas, a exploração excessiva, a pesca excessiva, as diferentes poluições, as extinções indiretas de espécies (se uma espécie número 1 de que se alimenta uma espécie número 2 desaparece, desaparece também a espécie número 2), a agricultura intensiva e, claro, *last but not least*, a mudança climática. Há de se notar desde o início que, com base nessa perspectiva, fica claro que é o humano e somente ele o culpado, ele é o problema, não as outras espécies vivas.

A conclusão lógica a ser tirada é que uma redução maciça da população humana seria altamente desejável, ideia já encontrada no fim dos anos 1970 nas *Chroniques de Greenpeace* [Crônicas do Greenpeace] (1979), em que se podia ler que

> os sistemas de valores humanistas devem ser substituídos por valores supra-humanistas que colocam toda a vida vegetal e animal dentro da esfera de consideração legal e moral. E, no longo prazo, quer isso agrade ou não a este ou àquele, talvez seja necessário recorrer ao uso da força para lutar contra aqueles que continuam a deteriorar o meio ambiente.

Em entrevista concedida ao *Courrier de l'Unesco*, o comandante Cousteau, também ele um dos pais fundadores do alarmismo do decrescimento, não hesitou em dizer as coisas de forma ainda mais clara:

> A eliminação dos vírus é uma ideia nobre, mas apresenta por sua vez grandes problemas. Entre o ano 1 e o ano 1400, a população quase não mudou. Por meio das epidemias, a natureza compensava os abusos da natalidade com abusos de mortalidade. Discuti essa questão com o diretor da Academia de Ciências do Egito, ele me disse que os cientistas estavam apavorados com a ideia de que, no ano 2080, a população do Egito poderia chegar a 250 milhões. Queremos eliminar o sofrimento, as doen-

---

tendência vem se acelerando e se generalizando por toda parte." (Aurélien Barrau, *Le plus grand défi de l'histoire de l'humanité*, Michel Lafon, 2019.)

ças, a ideia é linda, mas pode não ser totalmente benéfica em longo prazo. É de se temer que comprometamos assim o futuro de nossa espécie. É terrível dizer, é necessário que a população mundial se estabilize, e, para isso, seria necessário eliminar 350 mil homens por dia. É tão horrível de dizer que não se deve nem mesmo dizê-lo, mas é toda a situação em que estamos envolvidos que é lamentável.

Um programa e tanto, com efeito. No mesmo estilo, mas um tanto mais brutal ainda, William Aiken referia-se a Lovelock para declarar que uma "mortalidade humana maciça seria uma coisa boa. É nosso dever provocá-la. É dever de nossa espécie para com nosso meio ambiente eliminar 90% de nossos efetivos". Ficamos tentados a recorrer à ironia, a exibir nossa reprovação moral diante desse tipo de observação, mas seria fácil. O que é preciso compreender e o que eu quis mostrar citando esses textos[2] – e se não os citasse literalmente, muitos pensariam que estou exagerando –, é a lógica implacável que leva a essas afirmações delirantes: a inversão de perspectiva em relação à ecologia humanista e reformista, que prefere falar de meio ambiente e não de direitos das árvores e das rochas, leva naturalmente a considerar que a espécie humana, sendo a única capaz de pecar pela húbris, pelo descomedimento, a única capaz de destruir o planeta, deveria ser reduzida, se necessário à força e de forma maciça: nessa perspectiva, com efeito, a mortalidade humana seria uma boa coisa. É exatamente isso que Cousteau pensa, mesmo que apenas o diga em termos velados: não devemos ir tratar os doentes na África, devemos deixar que os vírus e os micróbios façam seu trabalho de regular a população. Confesso que, em todo caso, foi preciso certa ousadia para dizer isso em um jornal como o *Courrier de l'Unesco*...

Como veremos na segunda parte deste livro, os ecomodernistas chegam a uma conclusão oposta, embora partam de constatações às vezes não muito diferentes das de Aurélien Barrau. Não se trata

2 As referências para essas citações podem ser encontradas em meu livro anterior sobre ecologia, *Le nouvel ordre écologique*.

de negar que a erosão da biodiversidade seja um problema real,[3] mas de dizer que a solução não está na redução da demografia humana. Tratar-se-ia antes de organizar com inteligência sua concentração graças à urbanização: como sugeri na introdução deste livro, 4 bilhões de seres humanos já vivem em cidades que ocupam apenas 3% da superfície da Terra! Portanto, é possível dissociar o crescimento econômico e demográfico do impacto humano na natureza se agirmos direito e acelerarmos o processo de concentração. Como o próprio Barrau diz à guisa de desculpas, ao passo que isso é menos o problema e mais a solução, "todos os anos a superfície das cidades aumenta em cerca de 400 milhões de metros quadrados". Do ponto de vista do ecomodernismo, essa constatação nada tem de dramática, pelo contrário, é uma excelente notícia, pois sugere que um dia poderemos liberar espaço para a natureza selvagem e a restauração da biodiversidade. Voltaremos a isso.

2. Os efeitos do aquecimento climático

Eles vêm em segundo lugar. Como todos os ecologistas, Barrau enumera os potenciais efeitos do aquecimento, os quais é inútil citar longamente, pois são abordados extensamente todos os dias na imprensa: elevação dos oceanos, derretimento das banquisas, desaparecimento das cidades costeiras, incêndios frequentes e devastadores, extinções em massa de espécies vivas, desenvolvimento

---

3 Os números dados por Barrau são, com efeito, contundentes: "O desaparecimento de espécies se multiplicou por 100 desde o início do século XX; o número de insetos voadores caiu 80% na Alemanha desde 1990; o número de leões caiu pela metade em trinta anos, os orangotangos estão em perigo crítico, a hecatombe é de uma amplitude apavorante; o número de vertebrados diminuiu 60% desde 1970; cerca de 1 trilhão de animais marinhos são mortos a cada ano. Os seres humanos representam 0,01% das criaturas vivas, mas causaram 83% das perdas de animais desde o início da civilização... O ritmo das extinções em trinta anos será de cem a mil vezes maior que o normal". É preciso, entretanto, relativizar esses números inverificáveis, provenientes daquilo que o próprio Barrau chama de "estimativas", tanto mais porque ele não apoia suas constatações em nenhuma referência a trabalhos científicos. Contenta-se em exibir dados sem apoiá-los ou comprová-los.

de certas doenças graves, progressão dos ciclones, das tempestades e das inundações, ondas e picos de calor destrutivos, desertificação, incêndios florestais, aumento dos refugiados climáticos etc. Quanto à conclusão de Barrau, em contrapartida, merece ser citada porque se baseia em um argumento muito estranho: "Os últimos estudos publicados confirmam o que já se sabe há muito tempo: há, sim, aquecimento climático global e é causado pelo homem (em termos estatísticos, a probabilidade de errarmos nesta afirmação é inferior a 0,0005%)". Admito que essa precisão, a qual, apesar de tudo, deixa um espaço pequeno para a dúvida, me surpreende: gostaria de saber por qual misterioso cálculo ela se tornou possível, já que Barrau não cita nenhuma fonte a esse respeito, nenhum trabalho científico, como também não indica de onde vêm os "últimos estudos" que menciona. Mesma imprecisão sobre o aumento das ondas de calor no futuro: "Um estudo recente sugere que a parcela da humanidade sujeita a ondas de calor potencialmente mortais com duração superior a vinte dias aumentará até o fim do século para 74%". O estudo recente não é citado, o que é lamentável apesar de tudo, e, novamente, gostaríamos de saber mais sobre o raciocínio que permite conclusões tão inacreditavelmente precisas. A cifra de 74% (não 73% ou 75%, não, são exatamente 74% que são "sugeridos") provoca sorrisos pela informação vir de um autor que afirma ser cientista. Acrescentaria que o verbo "sugerir" não é sinônimo do verbo "demonstrar", uma vez que as sugestões não levam a nada no plano científico. É claro que se trata de assustar o leitor jogando mais com argumentos de autoridade que com fatos solidamente documentados.

3. Poluições diversas e múltiplas

Aqui, mais uma vez, não vamos enumerá-las porque já fazem as delícias da grande imprensa diariamente. Notaremos apenas que Barrau insiste particularmente no famoso "oceano de plástico" do Pacífico que ele esclarece atingir agora, segundo um último estudo (que ele também não cita), "três vezes o tamanho da França [...]

que a massa de seus 1,6 milhão de quilômetros quadrados de resíduos aumenta exponencialmente", de modo que se "estima" (ainda é uma estimativa, não fatos comprovados e documentados)

> que o plástico dos mares mata anualmente cerca de 1 milhão de aves e 100 mil mamíferos marinhos [...]. No ritmo atual, a produção de resíduos vai aumentar 70% nos próximos trinta anos e representará mais de 3 bilhões de toneladas. Os efeitos sobre a saúde humana e o meio ambiente são dramáticos [...]. Cerca de 250 milhões de toneladas de resíduos plásticos são, neste momento, gerados a cada ano... mais de 81% dos resíduos não são reciclados nem compostados.

Veremos como os ecomodernistas, para os quais a noção de lixo não tem sentido algum na natureza, onde tudo é reciclável e reciclado, consideram que esses dados abrem um futuro de ouro para a economia "circular", esta última propondo soluções bem diferentes daquelas sugeridas pelos catastrofistas. Novamente, dizemos isso apenas de passagem, pois voltaremos a esse assunto no capítulo dedicado ao ecomodernismo.

Um decrescimento em todas as direções para evitar o pior

Diante dessas constatações aterradoras, é fundamental, pois, segundo Barrau, "dar uma volta de 180 graus [...] Não podemos mais conduzir uma política que favoreça o crescimento consumista". No entanto, apesar de seus esforços desesperados para inventar o que chama de "nova simbólica", para propor outros valores além do crescimento infinito que devasta o planeta, as soluções propostas sob a rubrica "Decrescimento" são tudo menos agradáveis: elas anunciam reduções maciças do poder de compra, restrições de liberdade colossais e desemprego em massa, em suma, miséria, e o único argumento que justifica essas punições programadas é que devemos nos decidir a isso por bem ou por mal se quisermos evitar o desaparecimento da vida na Terra. Segue-se então uma série de medidas, cada uma mais dolorosa que a outra, entre outros gracejos (coloco alguns comentários entre parênteses):

- Menos aquecimento (brrr...).
- Menos ar-condicionado.
- Economia drástica de água (cheirinho agradável nas casas).
- Nada de viagens de avião, a não ser por necessidade absoluta (o confinamento na boa e velha região rural que não mente surge no horizonte, sendo este muito estreito...).
- Nada de deslocamentos de carro, a não ser com várias pessoas, em carro elétrico e apenas quando for uma necessidade real (a liberdade de circulação dificultada enquanto se inventam veículos cada vez menos poluentes).
- Nada de compras nos hipermercados, apenas os pequenos comércios têm agora essa primazia (mas é muito prático, e por que penalizá-los?).
- Informação regular e sistemática dos cidadãos sobre dados locais e globais em relação à Terra por meio de televisões, rádios, escolas e jornais (mas quem garantirá que não se trata de propaganda a favor do decrescimento e que os jornalistas permanecerão livres se essa for uma obrigação legal?).
- Tributação dos rendimentos do capital (isso afugentará o capital para o estrangeiro, contribuirá para criar desemprego, empobrecerá o país, a começar pelos mais pobres).
- "Proibição por via legislativa de comportamentos irresponsáveis de mutilação da natureza e da vida", em outras palavras, um crime de ecocídio, mas, aqui também, quem decidirá? A formulação é tão vaga que logo permitirá todas as medidas mais liberticidas e, além disso, os ecologistas favoráveis à energia nuclear considerarão que o fechamento de usinas como Fessenheim é um crime de ecocídio.
- Represamento da urbanização galopante (mas esse poderia ser precisamente a principal solução para o problema ecológico, a única forma de desassociar o crescimento humano das terras selvagens onde a biodiversidade pode ser restaurada!).

- Abandono da política natalista globalmente insustentável (Malthus e Ehrlich estão de volta: nada de filhos, ao passo que nossos velhos países europeus precisam deles como nunca se não quiserem desaparecer!).
- Veganismo mais que recomendado.
- Interrupção da construção de novas estradas (sempre esta vontade de confinar as pessoas na região rural, rebatizada de "local" para ficar mais apresentável)...

Acrescentaremos que essas medidas, que desenham um mundo de miséria, de desemprego em massa, de confinamento, de recusa do progresso e, em última análise, de tudo o que compõe nossa humanidade, terão de ser impostas pela força se necessário. Quem fará isso? Certamente não as instituições democráticas, pois dificilmente veremos a população aceitando medidas desse tipo sem tomar imediatamente as ruas. A suspensão da democracia parece então a solução mais rápida e mais segura, aliás ela é inevitável, como já não hesitam em afirmar os ecologistas radicais na esteira de Hans Jonas, que já propunha instaurar o que ele chamava de "tirania benevolente". Como em todas as utopias totalitárias, é preciso se apressar para fazer o povo acreditar que a supressão das liberdades é feita para seu bem, e mesmo que no final elas criarão liberdades novas, como sugere Barrau:

> É preciso que a lei intervenha para desconsiderar as veleidades individuais que não são mais compatíveis com a vida em comum [...]. Parece que, a despeito de seu aspecto coercitivo, uma evolução legislativa mais restritiva quanto à proibição de comportamentos "contrários à vida" tenderia, em última instância, a uma maior liberdade. Ao proibir o excesso mortífero, muitos caminhos de enriquecimento e de apaziguamento se abrirão. Ao proibir um homem de dirigir embriagado, restringimos sua liberdade naquele momento, mas lhe abrimos a possibilidade de um futuro. É hora de nos impedirmos de pilotar o mundo em estado de embriaguez ecológica [...]. Nem tudo é compatível com tudo. Devemos parar de fazer de conta que a luta contra o desregramento climático e a

poluição, para a preservação das espécies e das populações animais [...], é compatível com o crescimento perpétuo.

No entanto, é exatamente isso que pensam não os antiecologistas ou os exploradores capitalistas que sugam o sangue do proletariado, mas, ao contrário, outros ecologistas, igualmente militantes e convencidos da necessidade de agir em favor do planeta: para os ecomodernistas partidários da economia circular, não só o crescimento infinito é perfeitamente compatível com a proteção da natureza, como a lógica da inovação perpétua é inseparável dela. É difícil ver, com efeito, como financiar a pesquisa e a inovação em uma sociedade que organizaria o decrescimento e a pobreza: são necessários bilhões de horríveis dólares para fabricar uma única vacina, para comprar robôs cirúrgicos, para tratar cânceres com imunoterapia, projetar aviões e carros limpos, intensificar a agricultura a fim de alimentar a população mundial, e tantos outros exemplos. Onde vamos buscá-los em um mundo anticapitalista?

A crítica ao desenvolvimento sustentável e ao humanismo abstrato

Sobre a impostura que as noções de "crescimento verde" e de "desenvolvimento sustentável" representam para eles, os partidários do decrescimento não se calam. A prova, entre muitas outras, são essas diatribes de Serge Latouche, típicas da hostilidade dos *fundi* em relação a tudo que poderia conciliar a ecologia com a economia de mercado:

> Certamente para neutralizar seu potencial subversivo, muitas vezes tentam colocar o decrescimento no colo do desenvolvimento sustentável, uma expressão abrangente encontrada até em embalagens de café. Mais um testemunho da mistificação do desenvolvimento sustentável, entre outros, são as declarações de grandes empresários como o CEO da Nestlé, ou ainda Michel-Édouard Leclerc [...]. A luta de classes e as batalhas políticas

também acontecem na arena das palavras. Sabemos que o desenvolvimento, conceito etnocêntrico e etnocida, se impôs pela sedução aliada à violência da colonização e do imperialismo.[4]

Como tudo se torna simples quando dispomos dos bons e velhos esquemas do marxismo-leninismo e do castrismo! Ao ódio ao desenvolvimento acrescenta-se imediatamente o do universal abstrato que esteve na origem da Declaração dos Direitos do Homem:

> Hoje, mais do que nunca, o desenvolvimento sacrifica as populações e seu bem-estar concreto e local no altar de um bem-estar abstrato e desterritorializado. É claro que esse sacrifício em homenagem a um povo mítico e desencarnado é feito em benefício dos "empreendedores do desenvolvimento" (as empresas transnacionais, os políticos, os tecnocratas e as máfias). O crescimento hoje só é um negócio rentável se seu peso e custos forem suportados pela natureza, pelas gerações futuras, pela saúde dos consumidores, pelas condições de trabalho dos assalariados e, mais ainda, pelos países do Sul. É por isso que uma ruptura é necessária. Todos ou quase todos concordam, mas ninguém se atreve a dar o passo.[5]

O problema é que nessa frase tudo é falso, filosoficamente falso, mas também factual e empiricamente falso de A a Z.

Comecemos pelo aspecto filosófico, passando de imediato à diferença entre ser e ter: o clichê está tão desgastado que temos até um pouco de vergonha de voltar a ele. Digamos apenas que o dia em que eu vir uma manifestação popular liderada pelos sindicatos exigindo "mais ser" e sobretudo "menos ter", ou seja, menos desenvolvimento, crescimento, nível de vida e – digamos a palavra terrível – dinheiro, quero ser pendurado sob um morangueiro. São

---

4 Serge Latouche, *Petit traité de la décroissance sereine*, Mille et Une Nuits, 2007, p. 23.

5 *Ibidem*, p. 53.

sempre as elites ricas que ensinam aos povos que ter é ruim, mas ser é legal.

Mas vamos ao que interessa: por detrás da "desconstrução" do "homem abstrato", desenraizado e desterritorializado, por detrás do elogio do local, do enraizamento e da boa e velha terrinha que a acompanha, encontramos implicitamente a crítica aos direitos humanos conduzida durante séculos pela tradição contrarrevolucionária à moda de Joseph de Maistre,* depois retomada quase palavra por palavra por Marx em *Sobre a questão judaica*. Antecipando a objeção, Latouche evidentemente rejeita qualquer ligação com as insinuações petainistas e a ideologia *Blut und Boden* ("sangue e terra"). Mas nada ajuda. Expulse o natural, ele volta a galope. Os termos e as expressões usadas por Latouche são significativos a esse respeito, por exemplo, quando declara, e ele volta constantemente a isso em seu livro, que "o que conta é a existência de um projeto coletivo enraizado na terra como um lugar de vida em comum" e que é em uma "retramagem orgânica do local"[6] que é preciso trabalhar. O que se desenha no plano político por trás da ideologia do decrescimento é algo como as ZAD ou as "biorregiões" dos colapsistas, estruturas de fato "orgânicas" cujo objetivo é explicitamente acabar tanto com a abertura ao mundo como com o humanismo abstrato. Que o tema venha aqui da extrema esquerda, nesse caso do marxismo, e não do nazismo, não o torna mais agradável, nem menos nocivo, portanto. Pois é efetivamente a crítica marxista aos direitos humanos que se esconde por trás do localismo bonitinho que a ecologia do decrescimento tenta nos vender.

O caso envolve o pano de fundo filosófico do decrescimento, de modo que merece nossa atenção. Em um notável artigo intitulado "Droits de l'homme et politique" [Direitos humanos e política] (publicado em 1980 na revista *Libre*), Claude Lefort já mostrava de forma muito bem argumentada que Marx havia se enganado radi-

---

* Escritor, filósofo e magistrado, o conde Joseph de Maistre (1753-1821) foi um dos mais importantes críticos da Revolução Francesa e do Iluminismo e um dos principais proponentes da filosofia contrarrevolucionária. É autor da célebre frase "Toda nação tem o governo que merece" (N.T.).

6 Latouche, *op. cit.*, pp. 76-77.

calmente sobre a verdadeira natureza dos direitos humanos, reduzindo-os a uma ideologia liberal, individualista e egoísta. Tomemos, por exemplo, o caso da liberdade de opinião e de publicação: é preciso muita cegueira para que Marx veja nelas apenas uma consagração do indivíduo mônada, fechado em si mesmo, ao passo que evidentemente a liberdade de expressão, como aliás a liberdade de circulação, são aquelas que permitem, pelo contrário, a comunicação, os contatos e as relações entre indivíduos. Seria preciso que Marx estivesse realmente cego por sua vontade obstinada de demonstrar que os direitos humanos visavam apenas impedir o proletariado de forjar relações de força favoráveis perante os capitalistas para não perceber que esses direitos se revelavam afinal muito mais favoráveis à resistência do mundo operário que ao próprio mundo burguês. Nenhuma das conquistas sociais que caracterizam as sociedades ocidentais e seus Estados de bem-estar (seguro-saúde, aposentadoria, seguro-desemprego, liberdade sindical, liberdade de crítica e de expressão na imprensa, laicidade etc.) teria sido obtida se os direitos do "homem abstrato" dos enraizamentos nos comunitarismos locais não tivessem sido estabelecidos ali. Este é exatamente o mesmo erro que os adeptos do decrescimento continuam a propagar em seu elogio ao local e em sua crítica ao humanismo abstrato. O que não é uma surpresa, aliás, considerando que as fontes ideológicas do decrescimento estão principalmente na extrema esquerda.

Dito isso, é também e sobretudo no plano factual que as palavras de Latouche beiram o delírio. Entre as propostas habituais dos defensores do decrescimento (tributação total, da publicidade aos transportes, passando evidentemente pelos vários aspectos das trocas comerciais ou financeiras, redução do tempo de trabalho, realocações, fim da agricultura intensiva em benefício do bom e velho campesinato de outrora, fim das viagens em aviões, em cruzeiros, em automóveis etc.), deparamo-nos com este grandioso projeto, apresentado sem risos por Latouche como o primeiro pilar de um "bom programa eleitoral": "Recuperar uma pegada ecológica igual ou inferior a um planeta, o que significa, tudo o mais igual, uma produção material equivalente à dos anos 1960-1970!". Para ir direto ao ponto, a proposta consistiria simplesmente em dividir o poder de compra dos franceses por três ou quatro, começando pelo dos mais modestos, criando, nesse percurso, alguns milhões de desempregados – a redução do tempo de trabalho proposta não tendo jamais criado, aliás, um único emprego, mas apenas, e sendo muito otimista, dividindo uma ínfima parte dos que já existiam. O povo que Latouche quer proteger contra os ataques do "grande capital" seria sem dúvida o primeiro a se revoltar contra as medidas de decrescimento punitivo impostas por um amigo que lhe quer tanto bem. É, de resto, o que tem mostrado tão bem o movimento bem pouco elitista dos Coletes Amarelos, cuja origem foi o imposto sobre os combustíveis e um novo limite de velocidade. Uma pequena pergunta então: o que fazemos com os outros, quer dizer, com as outras nações enquanto a França organiza seu decrescimento em casa? Damos o exemplo? Sério? Mesmo que isso signifique derrubar nossa economia, com as terríveis consequências humanas que isso acarretaria? E como convencer os outros, os chineses, os indianos, os americanos, o Brasil, os países do Leste e até nossos vizinhos europeus, a fazerem o mesmo e se possível ao mesmo tempo?

No final dos anos 1980, diante da queda do comunismo e da conversão de parte da esquerda outrora stalinista aos direitos humanos e à democracia, admito que cedi a um momento de otimismo. Pensei que, talvez, a ideia de progresso pudesse finalmente fazer sentido mesmo em um mundo intelectual mergulhado desde os anos 1930 seja no fascismo, seja no stalinismo, no trotskismo ou no maoísmo. A morte de centenas de milhões de pessoas nunca incomodou os intelectuais, ela nunca os impediu de bramar *A Internacional* enquanto as populações eram exterminadas nos campos, a ideia sendo para eles mais importante que a realidade. Hoje, digo a mim mesmo que, afinal, é bem possível que a taxa de sandices permaneça constante na história, especialmente no mundo intelectual que parece ser antes de tudo o lugar de um jogo de vasos comunicantes.

Entre os "grandes" precursores dos temas propostos por Latouche, os teóricos do decrescimento nunca deixam de elogiar Nicholas Georgescu-Roegen (1906-1994), economista romeno cujos artigos foram traduzidos para o francês em 1979 sob o título *La décroissance. Entropie, écologie, économie* [O decrescimento. Entropia, ecologia, economia]. Convencido de que nossa sociedade produtivista caminha a passos largos para a ruína, Georgescu-Roegen enumera uma série de medidas coercitivas que, a seu ver, deveriam ser impostas aos povos com urgência:

> Reduzir gradualmente a população mundial a um nível em que a agricultura orgânica seja suficiente para alimentá-la adequadamente, regulamentar rigorosamente qualquer desperdício de energia, como excesso de aquecimento, de ar-condicionado, de velocidade etc.

Até aqui, nada de muito surpreendente, de tão acostumados que estamos a ouvir a ecologia do decrescimento nos infligir tranquilamente esse tipo de flagelo como punição por nossa proverbial húbris, embora eu continue a considerar um exagero que usem a lei para saber se me aqueço um pouco demais neste inverno ou não. Depois, porém, as coisas se complicam a ponto de nos perguntarmos se este farol do pensamento ecológico não perdeu a razão:

> Temos de nos livrar da moda [...], mas também é preciso proibir totalmente não só a guerra em si, mas a produção de todos os instrumentos de guerra, o que liberará fantásticas forças de produção em favor da ajuda internacional.

Como costumava dizer o inspetor Bourrel:* "Meu Deus, mas é óbvio!". Como não pensamos nisso antes – por exemplo em 1939, diante da ascensão do nazismo, que poderia ter sido evitada dessa forma, ou mesmo hoje, diante dos fanáticos do Estado Islâmico? Seria, entretanto, tão simples: bastaria aprovar uma lei proibindo Hitler de enviar seus aviões, seus canhões e seus tanques para além

* O Inspetor Bourrel é o personagem principal da série de investigação policial francesa *Les Cinq dernières minutes* [Os cinco últimos minutos], em exibição de 1958 a 1996 (N.T.).

das fronteiras e pronto! Sejamos francos: sendo a guerra por definição o momento em que a força suspende o direito, perguntamo-nos, nesse nível de tolice, como autores desse calibre ainda usufruem do privilégio de serem simplesmente citados. Para dizer a verdade, temo que certo número de militantes ecopacifistas acabe considerando a proposta excelente. É até provável que Greta Thunberg pudesse facilmente adotá-la e convencer um número significativo de jovens ativistas a torná-la a bandeira de seu movimento. Então, que os favoráveis à guerra levantem as mãos! Ninguém? A brilhante proposta está então adotada...

O decrescimento é simplesmente vital se a humanidade quiser "durar": o Shift Project, de Jean-Marc Jancovici

No campo do decrescimento, o pior às vezes convive se não com o melhor, pelo menos com o mais discutido. O pior é o lamentável manifesto de Nicolas Hulot, o homem dos nove veículos a motor, campeão do "faça o que eu digo, mas não faça o que eu faço", associado para a ocasião a duzentas celebridades pretenciosas que dão aos outros lições de moral e de frugalidade que eles são os últimos a aplicar a si mesmos. Em um recente artigo do jornal *Le Monde*, Nicolas Hulot entoou o refrão agora obrigatório sobre os "estertores da globalização liberal, nossas falhas e nossos excessos" de pequenos humanos grosseiros e apodrecidos pelo capitalismo, o "mundo de depois" devendo ser, é claro, "radicalmente diferente do de hoje, e isso por bem ou por mal". Seguiu-se um abaixo-assinado repleto de bons sentimentos e de clichês tão melosos quanto inatacáveis do tipo "cultivar a benevolência", "praticar a humildade e a audácia", "buscar a felicidade", "admitir a complexidade" etc., tudo isso assinado por uma multidão de personalidades ricas e famosas que denunciavam "corajosamente" o sistema do qual se aproveitam há décadas e sem o qual simplesmente não existiriam. Como se nunca viajassem de avião, não tivessem *smartphones*, nunca fossem pagos para fazer anúncios que incentivam o consumo. Prossigamos...

O mais discutido e o mais erudito da categoria "Decrescimento" é o Shift Project, de Jean-Marc Jancovici. Trata-se de um programa que não se destina essencialmente aos políticos, mas sobretudo aos industriais, e isso por uma razão fundamental que parece *a priori* razoável: trata-se de conciliar na medida do possível economia e preocupação com o meio ambiente, de fazer os europeus (o projeto dirige-se sobretudo a eles) poderem ao mesmo tempo proteger nossa casa comum e ainda ter no futuro um contracheque, o fato de este ser reduzido pela metade sendo uma preocupação completamente estranha a Serge Latouche, esse homem de esquerda. O Shift Project apoia-se então em argumentos que, ao contrário dos *slogans* midiáticos de Hulot e de seus amigos, baseiam-se em certo número de análises científicas que tenta justificar suas principais conclusões. Eles podem, parece-me, ser resumidos objetivamente pelos seguintes pontos.

1. Tudo começa com a energia, conceito definido como uma grandeza física destinada a medir fluxos, fluxos de movimento, de calor, de transformações químicas etc. É sempre difícil definir a noção de energia, mas para simplificar diremos que ela vincula os conceitos de ação, de força e de duração: toda ação supõe certa força para ser realizada durante certo tempo, de modo que a extensão e a duração dessa ação dependem da quantidade de energia que é investida nela. Fica claro, portanto, que sem energia não há fluxo, não há transformação, portanto não há produção, portanto não há vida, nem indústria, nem modificação do mundo ao nosso redor. Inversamente, quanto mais energia tivermos à nossa disposição, mais podemos modificar o que nos rodeia, mais podemos, portanto, modificar, aquecer, transformar etc. o ambiente.

2. Tudo isso parece simples, mas as consequências dessas descobertas básicas são vitais, pois significam que uma lei que diz respeito à "transição energética" é uma lei que diz respeito à sociedade como um todo, sua indústria, sua economia, a expectativa de vida de seus membros, mas também a educação, a saúde, o transporte, o turismo etc., pois sem energia nenhum setor da vida humana poderia continuar a existir. Jancovici dá um exemplo contundente

para ilustrar seu argumento: as máquinas que existem hoje na França (automóveis, máquinas-ferramentas, geladeiras, tratores, trens, caminhões, aviões etc.) representam cerca de quinhentas vezes a potência muscular de toda a população francesa. Ora, sem energia essas máquinas seriam inúteis, seriam como um carro que teria um motorista, mas não combustível. É isso que explica por que durante muito tempo a França teve uma produção industrial (o PIB) muito superior à da China, embora a população chinesa fosse infinitamente maior que a da França, simplesmente porque tínhamos uma tecnologia mais avançada, com máquinas mais eficientes e mais numerosas – uma situação que evidentemente se inverteu e que continuará a se inverter ainda mais a cada ano. Poderíamos dizer, ainda para deixar claro o conceito de energia, que cada francês dispõe hoje de 24 horas por dia graças às máquinas que usa quase diariamente (carro, geladeira, aquecedor, metrô, trem, avião etc.) e à energia que os faz funcionar, daquilo de que um patrício romano com seiscentos escravos teria se beneficiado!

3. Ora, de acordo com Jancovici, a situação energética francesa e europeia é insustentável em longo prazo, e isso por duas razões: 1. A energia primária utilizada na indústria (ou seja, a energia retirada do meio ambiente) é 70% composta de hidrocarbonetos (45% de petróleo e 25% de gás), elementos básicos totalmente importados, a eletricidade nuclear ficando, portanto, muito atrás dessas duas fontes de energia vitais para nossa economia (sendo o urânio também importado). 2. Ora, a França e a Europa perdem 2% por ano de importação dessas duas mercadorias, primeiro porque o pico do petróleo e do gás foi atingido nos anos 2005-2007, de modo que a extração é cada vez mais difícil e dispendiosa, mas também porque a parcela que pode ser importada está diminuindo por causa da demanda dos países emergentes como a China e a Índia. Se o volume de combustível que entra na Europa cai 2% ao ano, fica claro que nosso desenvolvimento industrial não é sustentável em longo prazo em sua forma atual. De qualquer forma, não importa o que façamos, nosso poder de compra vai inevitavelmente diminuir. Ainda assim algo deve ser feito, e com urgência, visto que o tempo está contra nós e cada ano perdido torna as soluções mais difíceis e dolorosas.

4. As convenções do clima e as Conferências das Partes (COP) têm sido praticamente inúteis para a "realidade real": se olharmos atentamente para as curvas de evolução das emissões de gases de efeito estufa, elas continuam exatamente da mesma forma, quer essas "cúpulas" de chefes de Estado aconteçam ou não! São as emissões ligadas à combustão das energia fósseis as principais responsáveis (gás, petróleo, carvão) pela maior parte do aquecimento. Depois vêm o desmatamento, o metano emitido pelo gado e pelos arrozais, a desmaterialização ou a digitalização da economia. Como resultado de tudo o que acabamos de dizer, o PIB de um país nada mais é do que o valor econômico dos recursos que foram transformados por máquinas alimentadas pelas energias não renováveis. É uma função do número de máquinas e da quantidade de energia consumida, ponto! Portanto + PIB = + CO_2. Apenas dois fatores limitam ou poderiam chegar a limitar o crescimento dos países industriais modernos, sejam eles capitalistas, socialistas ou comunistas: o aquecimento climático ou uma redução voluntária do consumo, ou seja, o decrescimento. Uma vez lançado na atmosfera, o CO_2 permanece ali por milênios, pois é dotado de uma tremenda energia química: em cem anos, restarão 50% do que existe hoje, em mil anos, ainda 20%, e em 10 mil anos ainda 10%, pois só existem duas maneiras de dissolvê-lo: a absorção nos oceanos e a fotossíntese, deixando claro que esta última supõe uma proximidade com a terra e as plantas, o que evidentemente não tem muito interesse no nível atmosférico. Em outras palavras, o que acontecerá em vinte anos quanto ao clima já é inevitável e programado. Ora, para conter esse aquecimento, teríamos de reduzir nossas emissões de gases de efeito estufa em 4% ao ano, o que é radicalmente impossível sem organizar o decrescimento.

5. É necessário, portanto, priorizar a energia nuclear em relação às energias renováveis. Como insiste, com razão, Jancovici (e este será um ponto de ruptura com Nicolas Hulot, que permanece visceralmente antinuclear e desejava, quando era ministro, fechar o maior número possível de centrais, o que é totalmente contraditório com a luta contra o aquecimento), a energia nuclear não é apenas infinitamente menos poluente que as energias fósseis, ela

é baixa em emissões de gases de efeito estufa, mas também muito menos perigosa que o carvão, sem ofensa aos antinucleares. Nessa perspectiva, Jancovici terá a coragem de assinar com Michael Shellenberger, o fundador da corrente "ecomodernista" de que falaremos em breve, uma excelente coluna no *Le Monde* (novembro de 2018) a favor da energia nuclear. Aproveitemos essa oportunidade para examinar de perto os números que indicam a origem das emissões de gases de efeito estufa, pois eles nos permitem ver que o problema afeta todos os setores de nossas vidas, o que certamente torna difícil, e mesmo impossível, resolvê-lo de maneira indolor: 20% vêm da produção de eletricidade por usinas movidas a carvão (a política alemã é, desse ponto de vista, catastrófica por causa de sua rejeição absurda da energia nuclear); 20% da agricultura (pecuária e arrozais); 15% dos transportes (automóveis, caminhões, barcos, aviões); 12% das siderúrgicas e de seus altos-fornos; 10% do desmatamento; 7% das poucas centrais elétricas a gás; 6% das fábricas de cimento; 6% das caldeiras prediais; 4% do digital. Como podemos ver, tudo nesse quadro é útil, o que reforça ainda mais a ideia de que não podemos parar ou mesmo diminuir o aquecimento sem um esforço penoso.

6. As energias renováveis, segundo o autor do Shift Project, são uma grande ilusão: em primeiro lugar porque não podem de forma alguma substituir as energias fósseis e nucleares, a não ser de forma completamente marginal. A prova? Elas já existiram! Eram mesmo praticamente as únicas conhecidas antes da Revolução Industrial: moinhos de vento ou de água, arados e carroças, veículos puxados por animais, cavalos, burros, bois e às vezes até por cabras, construções das catedrais feitas exclusivamente com engenhos mecânicos etc. Todas essas energias antigas eram de fato renováveis. Mas se acabamos por abandoná-las graças à Revolução Industrial, evidentemente não foi à toa, e se houve boas razões para fazê-lo, não vemos como poderíamos rejeitar as energias fósseis e nucleares facilmente hoje. Quais foram essas boas razões? Simplesmente esta, que comanda todas as Revoluções Industriais modernas: o desempenho das energias fósseis, a começar pelo petróleo, é imensurável. Quando passamos do homem à máquina (que durante séculos fun-

cionará com energias fósseis, direta ou indiretamente), dividimos o custo da energia por cem, ou mesmo em alguns casos por mil, o que permite evidentemente baixar os preços e, assim, aumentar o poder de compra das famílias. Aqui também é possível mensurar a que ponto qualquer retorno ao passado é em grande parte impossível. Em outras palavras, o trabalho não tem grande valor, ao contrário do que diz Marx, a menos que esse trabalho seja o de uma máquina e que seu alimento seja o petróleo (ou o gás, o carvão ou mesmo a eletricidade). Nosso poder de compra depende, portanto, 100% das energias em questão, pois a transformação dos recursos naturais que produzem as coisas que compramos e consumimos é hoje essencialmente feita por máquinas: o par recursos a transformar-máquina substituiu o que nos disseram ser a base da riqueza, a saber, o famoso par capital-trabalho.

Mas as energias renováveis são uma má solução também do ponto de vista ecológico, por mais paradoxal que isso possa parecer à primeira vista. Com efeito, como Jancovici insiste em repetir em suas publicações e em suas intervenções públicas – e isso é corajoso da parte dele, pois lhe valeu a acusação tão protocolar quanto estúpida de *greenwashing** –, há entre dez e cem vezes mais metal na energia eólica e na fotovoltaica que na energia nuclear por quilowatt-hora produzido, o que leva a fazer de dez a cem vezes mais buracos na terra, com tudo o que isso geralmente implica em termos de energias fósseis despendidas para ter sucesso. Acrescento que essas fontes de energia também estão repletas de metais raros ("terras-raras") cuja extração é extremamente poluente e cuja produção, por isso mesmo, é 95% operada pela China, o que em termos de soberania energética não é o ideal para a França e para a Europa. Além disso, as turbinas eólicas matam pássaros, além de gerar considerável poluição sonora e visual.

7. Em termos de análise econômica – esta é pelo menos a tese, a meu ver muito improvável, mas isso pouco importa por enquanto, promovida pelos autores do Shift Project –, o declínio do crescimento

---

* Em tradução literal "lavagem verde", a expressão refere-se a discursos ou práticas voltados para a sustentabilidade, mas que não se comprovam na prática (N.T.).

e o aumento da dívida estão diretamente ligados à situação de decrescimento energético no qual estamos irreversivelmente envolvidos.

8. Uma lei de transição energética deveria partir dessas observações, mas a lei atual só se interessa pela eletricidade, que é o único setor que não apresenta problemas, sendo a energia nuclear o único meio de produzir a eletricidade indispensável sem aumentar o efeito estufa e o aquecimento climático.

9. Durar ou não, sobreviver ou não, eis a questão! Se não quisermos durar, é como com o tabaco e o álcool, vamos alegremente rumo à catástrofe. Mas se quisermos durar, então, como diz Jancovici com a alegria perversa que sempre acompanha suas constatações, "todos terão de apertar o cinto, inclusive quem recebe salário mínimo!", pois o decrescimento energético necessário para limitar o aquecimento climático resultará para todos, inclusive para os mais pobres, em uma queda considerável no poder de compra, do consumo e do que hoje consideramos qualidade de vida.

10. Por fim, é claro que nossos governos democráticos estão totalmente inadaptados para a situação atual, e isso por uma razão fundamental, a saber, eles estão organizados em compartimentos: um Ministério dos Transportes para o transporte, da Saúde para a saúde, da Educação para a educação, da Agricultura para os agricultores etc. Ora, como nos anos 1970 já nos mostrava esse importante pensador cujo nome já mencionamos, Nicholas Georgescu-Roegen, em um mundo restrito, é preciso saber selecionar, escolher: por exemplo, se decidimos fabricar automóveis, cuidar dos idosos ou pagar aposentados improdutivos para não fazerem nada, não faremos outra coisa (fabricar arados, dar uma chance aos jovens etc.). Qualquer decisão política deveria, pois, ser transversal, levar em conta que em um mundo sem crescimento, ou mesmo em decrescimento, tudo já não é possível. A organização em compartimentos, que ainda era aceitável em um universo no qual acreditávamos ser capazes de um crescimento infinito, tornou-se hoje obsoleta, para não dizer absurda.

É com base nessas análises que o Shift Project elabora toda uma série de propostas destinadas simplesmente a permitir a sobrevivência da humanidade.

As principais propostas do Shift Project

1. Devemos antes de mais nada descarbonizar nossa indústria impondo a economia de energia, privilegiando as *low-tech*, pois só elas permitem uma reciclagem fácil, mas também uma manutenção prolongada que evita a obsolescência programada (os produtos *high-tech* como nossos computadores e *smartphones* sendo infinitamente mais difíceis de reciclar). Acima de tudo, devemos mais do que nunca nos abster de rejeitar tolamente a energia nuclear, que no contexto da luta contra o aquecimento climático é um mal menor. Neste último ponto, só podemos concordar com o projeto.

2. Em seguida, devemos reduzir o consumo térmico dos edifícios, concentrando aparelhos de climatização naqueles que realmente precisam, começando pelo setor público terciário que oferece as maiores superfícies. Mais uma vez, a proposta parece bastante razoável.

3. Uma revolução se impõe no mundo dos transportes, com as viagens individuais de automóvel repartidas da seguinte forma: 30% trabalho-casa, 30% para compras, 30% férias ou viagens longas. É necessário, portanto, criar uma rede eficiente de ônibus em torno e nas cidades para os deslocamentos casa-trabalho e privilegiar o trem para os trajetos intermunicipais, mesmo os longos, em detrimento do carro e do avião:

> É imperativo reduzir o tamanho da frota automobilística, portanto substituir uma parte dos carros por outro meio (ônibus, bicicleta, trem, andar a pé etc.) e dividir por três o consumo dos carros ainda utilizados antes de passarem a usar eletricidade. Aqui, as *low-tech*, ou seja, *grosso modo*, voltar a fabricar carros 2 CV [cavalos-vapor], entram na equação, na medida em que são um componente da margem de manobra para preservar parte da liberdade de ir e vir em um mundo onde também é necessário "livrar-se dos combustíveis fósseis o mais rapidamente possível".

É evidente que, de acordo com esse projeto, é necessário taxar maciçamente os carros mais potentes restabelecendo a taxa sobre eles. Devemos notar que tudo isso deverá ser imposto pela lei.

4. Na esteira de Malthus, devemos trabalhar para reduzir a população mundial, sendo a forma mais simples não cuidar mais dos idosos, a se acreditar minimamente na inverossímil coluna publicada em 2019 por Jancovici na estranha revista *Socialter*, uma coluna que li e reli para ter certeza de que não era *fake news*. Jancovici simplesmente pede que não se cuidem mais dos idosos muito doentes:

> Nos países ocidentais, existe um primeiro meio de regular a população de forma razoavelmente indolor: não fazer todo o possível para que os idosos doentes sobrevivam. Por exemplo, sem transplantes de órgãos para pessoas com mais de 65 ou 70 anos.

Com que elegância essas coisas são ditas! Dizendo claramente: é preciso deixar os velhos morrerem quando estão tão doentes que não vale a pena tratá-los. Acrescentemos que a passagem da medicina *high-tech* para a *low-tech* permitirá fazer morrer sem dificuldade, além dos velhos que teremos desistido de tratar, várias centenas de milhares de pessoas a cada ano só na França: sem *scanners* de alto desempenho, sem ressonância magnética, sem cirurgia robótica, sem imunoterapias, sem medicamentos sofisticados, e assim por diante, o retorno da medicina ao tempo de Molière será um maravilhoso instrumento de regulação demográfica, pois, na medicina, as *low-tech* são simplesmente a morte. Quando uma criança adoece na ZAD de Nantes, todos ficam muito felizes por ter perto um hospital cheio de terríveis tecnologias avançadas, pois são as únicas hoje capazes de curar a criança, uma vez que, apesar da imperiosa necessidade de reduzir a população para salvar o clima e agradar Greta Thunberg, não queremos apesar de tudo deixar morrer aqueles que amamos – mas nisso nossos adeptos do decrescimento não insistem muito...

Essas propostas são realmente essenciais para a sobrevivência da humanidade? São sustentáveis, quero dizer, aceitáveis por povos democráticos aparentemente pouco preocupados em ver seu poder de compra amputado em nome do planeta ou mesmo de sua sobrevivência? É disso que duvidam não apenas os reformistas, mas também os colapsistas, pois estes estão convencidos de que o decrescimento, quer seja uma redução maciça de sua renda, do consumo, da mobilidade, das viagens ou *a fortiori* dos benefícios da medicina moderna, não tem chance nenhuma de ser tranquilamente aprovado em nossas democracias, a menos que uma catástrofe nos obrigue a isso. Basta ver como nasceu o movimento dos Coletes Amarelos, causado por uma redução mínima da velocidade nas estradas e por um aumento, também moderado, no preço dos combustíveis, e você terá uma ideia daquilo que as medidas de decrescimento propostas por Jancovici e seus amigos provocariam em nossas sociedades democráticas. Mesmo admitindo que as medidas do Shift Project sejam desejáveis (e os reformistas duvidam disso), a não ser que as pessoas sejam literalmente aterrorizadas ou tenham suspensos seus direitos de manifestação e, ao mesmo tempo, de voto, certamente não é por meio de discursos políticos que essas medidas se tornarão aceitáveis. Voltaremos a isso no próximo capítulo, porque é um ponto crucial, mas prossigamos por enquanto nessa visão geral das várias correntes do alarmismo revolucionário.

Duas variantes do fundamentalismo verde: ecofeministas e decoloniais

1. O ecofeminismo

O artigo da Wikipédia dedicado ao ecofeminismo procura detalhar as diferentes correntes que animam o movimento, destacando, apesar de todos os pontos em comum, os mais marcantes. Com efeito, podemos ler:

> A variedade de tendências (das abordagens predominantemente feministas às abordagens predominantemente ecológicas) dá lugar a uma ampla gama de possibilidades. Essas tendências têm, no entanto, em comum uma análise crítica radical do patriarcado, do capitalismo e do contexto materialista supostamente

racionalista e tecnocientífico da mercantilização da vida, da revolução verde e da agricultura industrial.

Certo número de temas, portanto, perfeitamente em sintonia com as ideologias antiliberais e de decrescimento. Mesmo assim, esse artigo subestima dois aspectos essenciais, a saber, a crítica radical do dualismo, mas também a oposição frontal do ecofeminismo (que floresce essencialmente nos Estados Unidos) ao feminismo existencialista e republicano de tradição francesa, encarnado particularmente, hoje em dia, por Élisabeth Badinter.

Para começar com a crítica do dualismo, eis aqui a título indicativo como Val Plumwood, uma das pioneiras do ecofeminismo, em um artigo do qual traduzo aqui uma passagem, nos oferece uma boa síntese desse aspecto crucial do movimento:

> Na perspectiva do ecofeminismo, o pensamento ocidental caracterizou-se por uma série de dualismos que, ligados uns aos outros, se reforçam mutuamente e contêm os conceitos-chave para a compreensão da estrutura social. Podemos apresentar alguns deles da seguinte forma (sem que esta lista pretenda ser exaustiva): mentalidade (intelecto, mente) *versus* fisicalidade (corpo, natureza, matéria); humano (racionalidade) *versus* não humano (animal); masculino *versus* natureza feminina; produzido de maneira cultural e histórica *versus* produzido naturalmente; produção *versus* reprodução; público *versus* privado; transcendência *versus* imanência; razão *versus* emoção.[7]

É preciso deixar claro, mas isso é evidente, que essas dicotomias são, segundo Val Plumwood, interpretadas em nossas sociedades patriarcais de maneira hierarquizada moral e politicamente: o espírito vale mais que o corpo, o humano que o não humano, o masculino que o feminino etc. São então lidas no sentido de uma instrumentalização da esfera número 2 em benefício da primeira:

7 Val Plumwood, "Ecofeminism. An overview and discussion of positions and arguments", *Australian Journal of Philosophy*, jun. 1986.

o homem (o macho) é assim legitimado a utilizar a mulher, a natureza, os animais, a dominar a esfera pública, a produção etc. para seus próprios fins. Por fim, cada um dos termos presentes deve ser entendido como signo de uma polaridade irredutível, apenas os da esfera número 1 definindo o que é considerado autenticamente humano.

O ecofeminismo fará então uma crítica radical ao feminismo existencialista, republicano e universalista, de tradição francesa, hoje tão bem representado por Élisabeth Badinter, um feminismo para o qual não só "a mulher é um homem como os outros", mas que se inscreve também na perspectiva bem pouco ecologista de uma emancipação em relação aos determinismos naturais. Do ponto de vista do ecofeminismo, essa pretensa "emancipação" só pode ser um engodo, a bem da verdade, o engodo supremo, uma vez que implica uma negação simultânea da feminilidade e da naturalidade em favor de um modelo de liberdade tipicamente masculino. É isso que Val Plumwood, inspirando-se nas famosas obras de Mary Midgley, critica precisamente em Simone de Beauvoir em termos que devem ser citados, pois ao menos têm o mérito de ser perfeitamente claros:

> Para Simone de Beauvoir, a mulher deve tornar-se "plenamente humana" da mesma maneira que o homem, unindo-se a ele no projeto de se distanciar da natureza, de transcendê-la e de controlá-la. Ela opõe, assim, a transcendência masculina, e a conquista da natureza dela decorrente, à imanência da mulher identificada com a natureza e com o corpo no qual ela está imersa passivamente. Para chegar à plena humanidade, a mulher deve, portanto, entrar na esfera superior da mente para dominar e transcender a natureza. No plano físico, ela deve aceder à esfera da liberdade e do controle em vez de ficar cegamente imersa na natureza e no incontrolável. A mulher torna-se então "plenamente humana" ao ser absorvida pela esfera masculina da liberdade e da transcendência, conceituadas nos termos do chauvinismo humano.[8]

8 *Ibidem*, p. 135.

Daí também, nesse ecofeminismo americano, uma crítica radical à civilização ocidental e ao racionalismo, pois desde Platão até nós ela foi minada pelo dualismo e sua distinção entre o mundo inteligível e o mundo sensível, ou seja, segundo as ecofeministas, entre o mundo do masculino e o do feminino. Ora, é de fato uma grade de leitura tão dominante que se mantém, segundo elas, até nós por meio da tradição cristã, do cartesianismo, da filosofia do Iluminismo, do liberalismo da Declaração dos Direitos do Homem, da Revolução Francesa e, finalmente, do sistema capitalista devastador para o planeta. Trata-se, pois, de regressar à natureza, da qual se supõe que as mulheres estejam mais próximas que os homens, para enfrentar o dualismo de origem branca, masculina, ocidental e finalmente capitalista, a defesa do meio ambiente, mas também, como no veganismo, do qual o ecofeminismo está próximo, a dos animais.

Medimos até que ponto estamos aqui nos antípodas do feminismo existencialista francês, a que ponto as duas tradições modernas do feminismo se opõem uma à outra: é afirmando sua *diferença* em relação aos "machos", insistindo, por sua vez, em sua proximidade *específica* com a natureza, que "a" mulher (como se não houvesse só uma!) deveria encarnar, como outrora o proletariado, a fração salvadora da humanidade.

O perigo dessa posição é claro e podemos dizer que já havia sido pressentido pela própria Simone de Beauvoir, depois analisado mais profundamente por Élisabeth Badinter: ao insistir na "naturalidade" da mulher, arriscamo-nos simplesmente a renovar os clichês mais banais sobre a "intuição feminina", a vocação para a maternidade ou o irracionalismo daquilo que poderia desde já passar novamente pelo "segundo sexo". Afirmar que a mulher é mais "natural" que o homem é, evidentemente, para existencialistas como Beauvoir e republicanas como Badinter, negar totalmente sua liberdade e, portanto, em última análise, seu pertencimento pleno e total à humanidade. Que as ecofeministas odeiem a civilização ocidental e a modernidade democrático-republicana é problema delas. Que elas (ou eles) queiram encontrar uma justificativa natural para esse ódio é jogar o jogo de um determinismo biológico cujas consequências todas as mulheres arriscariam sofrer se fosse levado um pouco a sério. De resto, a reivindicação do direito à diferença deixa de ser democrática quando se estende à exigência de uma diferença de direitos à maneira da discriminação positiva que cria essa abominação aos olhos das republicanas que são as "cotas para mulheres".

O feminismo diferencialista e naturalista chegou até nós dos Estados Unidos. Apoiou-se particularmente no tremendo sucesso, do outro lado do Atlântico, das filosofias da diferença, em especial a de Derrida, para culminar no plano político nas teorias da *affirmative action*, da discriminação positiva, em outras palavras, na implementação de políticas de cotas. É bastante compreensível que as feministas universalistas e humanistas, aqui diretamente herdeiras do pensamento de Sartre e Beauvoir, se oponham radicalmente a ele...

2. A ecologia decolonial

Existe nesse contexto um elo intermediário particularmente significativo entre o ecofeminismo e a ecologia decolonial, a saber, o "feminismo decolonial", bem representado na França por Françoise Vergès, em particular no livro que leva esse título.[9] Esta filha de comunistas, sobrinha do advogado Jacques Vergès e ela própria uma militante anticapitalista radical, de inteligência apurada e voz suave, mas de ideias duras, defende um certo número de teses bem categóricas sobre essa nova face do feminismo, cujos pontos essenciais para mim são:

a) O feminismo branco e burguês, começando com o de Beauvoir e de Badinter, tornou-se uma ideologia insuportável na medida em que dá continuidade tranquilamente à opressão das mulheres "invisibilizadas" e "racializadas", que são em particular aquelas "trabalhadoras domésticas" que tornam nossas escolas, nossos locais de trabalho, nossas estações de trem ou nossos aeroportos frequen-

---

9 Françoise Vergès, *Un féminisme décolonial*, La Fabrique Éditions, 2019 [ed. bras.: *Um feminismo decolonial*. São Paulo: Ubu, 2020].

táveis antes mesmo de nos levantarmos para chegar a eles e ir trabalhar:

> O termo feminismo nem sempre é fácil de sustentar. As traições do feminismo ocidental constituem um contraponto, assim como seu amargo desejo de se integrar ao mundo capitalista e de ter seu lugar no mundo dos homens predadores.

Perante esse

> feminismo branco e imperialista, que se tornou, numa notável convergência, um dos pilares de várias ideologias que à primeira vista se opõem umas às outras – a ideologia liberal, a ideologia nacionalista-xenófoba, a ideologia da extrema direita,

o objetivo de Françoise Vergès é defender "um feminismo decolonial cujo objetivo é a destruição do racismo, do capitalismo e do imperialismo".

b) A palavra "decolonial" deve ser entendida aqui em um sentido muito preciso. Embora o grande período da colonização propriamente dita já tenha ficado para trás, a "colonialidade", segundo Vergès, persiste, e é isso que deve ser desconstruído. Por "colonialidade" ela entende aqui a atitude "burguesa, ocidental, masculina e branca" que tem consistido desde o início da colonização do Sul pelo Norte em querer impor um modelo único de comportamento e de valores: como bem ser um homem ou uma mulher, um bom pai ou uma boa mãe, um bom ou um mau cidadão, uma boa família, um bom trabalhador etc.

c) Nessa perspectiva, Françoise Vergès evidentemente defende o véu islâmico contra essas feministas francesas que, tomadas por uma espécie de crise obsessiva de hostilidade, segundo ela, a essa cultura do Sul que é o islã, afirmam que esse "lenço" representa uma submissão das mulheres – em que talvez possamos medir até que ponto os dois feminismos de que falei acima, o republicano universalista e o diferencialista decolonial, opõem-se radicalmente um ao outro. Haveria assim, de um lado, um feminismo muito francês, que "invisibiliza" as "racializadas", e, do outro, o que se deveria designar como um "movimento de libertação das mulheres" que visa, pelo contrário, torná-las finalmente visíveis, o que supõe a decolonização das mentes, mas também o fim deste mundo capitalista que essencialmente se recusa a reconhecê-las. Em suma:

> o feminismo decolonial realça os impensados da boa consciência branca. Situa-se do ponto de vista das mulheres racializadas: aquelas que, como trabalhadoras domésticas, limpam o mundo. Ele denuncia um capitalismo fundamentalmente racial e patriarcal [...] e faz as perguntas que incomodam: que aliança com as mulheres brancas? Que solidariedade com os homens racializados? Quais são as primeiras vidas ameaçadas pelo capitalismo racial?

Questões às quais poderíamos acrescentar as da ecologia decolonial: que partes do planeta são mais ameaçadas pelo capitalismo colonial?

A ecologia decolonial é, a esse respeito, a última das sete correntes que mencionamos na introdução deste livro. É constantemente privilegiada por Greta Thunberg, assim como o ecofeminismo e o feminismo decolonial, que são evidentemente inseparáveis dele. Próxima ao movimento dos Indigènes de la République, popularizada na França pela Extinction Rebellion (XR), ela se baseia em uma crítica radical ao capitalismo em nome dos direitos das minorias oprimidas. Para aqueles que não a conheciam, essa nova componente dos verdes defende simplesmente a ideia de que a crise ecológica não pode ser resolvida sem uma reflexão sobre a colonização. Trata-se, como sugeri na introdução, de uma abordagem dos problemas ambientais nascida na América Latina, depois disseminada no clima do "politicamente correto" das universidades americanas ao longo dos anos 1990. Trata-se, pois, de uma corrente também radical, anticapitalista e de extrema esquerda, que acrescenta à crítica ao desenvolvimento industrial moderno aquela ao escravagismo, à colonização e, claro, à "colonialidade" tal como acabamos de defini-la.

Para dizer a verdade, já víamos essa corrente surgir entre os *fundi*, por exemplo, em Alain Lipietz, um deputado verde europeu que já admitia em 1993, no seu livro *Vert espérance* [Verde esperança] (editado pela La Découverte), ter chegado "ao verde pelo vermelho" e continuar a luta contra o liberalismo patriarcal e racista graças à ecologia radical, escreveu,

> Para mim, foi a revolta contra uma ordem econômica injusta que divide a sociedade entre ricos e pobres, suja a natureza porque não respeita nem mesmo a dignidade humana, que saqueia os continentes porque pilha o trabalho dos homens e das mulheres que seus conquistadores subjugaram. Como muitos, cheguei ao verde pelo vermelho, cheguei à ecologia porque a esquerda me decepcionou.

Os decoloniais retomam hoje o tema. Por exemplo, segundo Malcolm Ferdinand, um dos principais intelectuais do movimento:

> uma ecologia decolonial é uma ecologia que associa a preservação dos equilíbrios ecossistêmicos da Terra ao questionamento das desigualdades e das injustiças herdadas da constituição colonial do mundo. Nos territórios ultramarinos como nas antigas colônias, os movimentos sociais estão implementando uma ecologia que não se contenta em preservar o meio ambiente ou em criticar a poluição, mas que ataca as próprias estruturas desses problemas ambientais. Ora, acontece que essas estruturas são as estruturas herdadas da colonização.

É difícil, se não impossível, compreender exatamente o que significa o conceito de "constituição colonial do mundo", e ver claramente o vínculo com a ecologia, mas o anticapitalismo, como se sabe, é capaz de tudo vincular e de tudo explicar, como vemos ainda em um *post* de 17 de julho de 2019 do *blog* de Seumboy Vrainom, um "artista e ativista da Extinction Rebellion France" que defende nos seguintes termos uma ecologia decolonial:

> Extinction Rebellion não é um movimento climático [...]. Nosso progresso, nosso conforto moderno e nosso desenvolvimento são construídos e se mantêm principalmente graças à exploração colonial dos povos e dos solos de nosso planeta... A ecologia do XR é uma ecologia politizada e radicalizada. Neste artigo, falarei sobre o sistema que destrói os seres vivos, um sistema composto de patriarcado, de neoliberalismo, de produtivismo e que tem como uma de suas principais raízes o colonialismo.

Com efeito, os decoloniais afirmam com seriedade que o desregramento climático está ligado à história da escravidão e da colonização, tendo o capitalismo, segundo eles, se estruturado em torno de atividades extrativistas e de monoculturas intensivas que destroem a biodiversidade. É inútil explicar aos militantes do XR que a tese segundo a qual nosso desenvolvimento industrial se mantém graças à exploração colonial é estritamente delirante, que nenhum economista sério a valida, uma vez que não tem sentido algum nem o menor enraizamento no real: a radicalidade revolucionária sempre zombou do real, e a mola-mestra de sua ideologia está em outro lugar, em um *pathos* que escapa a toda racionalidade. No mais, os ecologistas decoloniais enumeram, como qualquer adepto do decrescimento anticapitalista que se preze, a série ordinária das medidas punitivas que já mencionamos.

O pensamento decolonial tem sido alvo de inúmeras críticas, em particular por parte de feministas vítimas do fundamentalismo islâmico, como Zineb El Rhazoui, uma jornalista que publicou um livro tão corajoso, intitulado simplesmente: *Détruire le fascisme islamique* [Destruir o fascismo islâmico]. Sobre nosso assunto, ela vai direto ao ponto para dizer o que pensa àqueles que considera como os novos totalitários de nosso tempo e, por mais paradoxal que possa parecer, como os únicos a reintroduzir em nossas democracias a noção de raça:

> O pensamento decolonial desrespeita o lema republicano "liberdade, igualdade, fraternidade" ao classificar os humanos por segmentos raciais eternamente vitimados ou culpados [...]. Agrade

ou não, ser preto, amarelo, vermelho ou branco não é uma "identidade", mas uma característica física. Quanto à religião, todos são livres para ter uma em uma república (o que não é o caso em uma teocracia), mas quando alguém "tem" uma religião, isso não significa que esse alguém "é" sua religião. Os indigenistas são colaboradores do islamismo e sabotadores da laicidade, quer digam seu nome, quer prefiram embrulhar sua ideologia diferencialista em conceitos acadêmicos ocos, feitos de pseudociência e de competição vitimária.[10]

Como se poderia imaginar, os ecologistas reformistas, partidários do desenvolvimento sustentável e do crescimento verde, pensam que os catastrofistas e os adeptos do decrescimento não apenas estão nadando no delírio neo-1968, mas sobretudo, o que é mais grave, que subestimam as possibilidades de uma ecologia reconciliada com um produtivismo moderado, mais inteligente e mais bem regulado que aquele que conhecemos ainda hoje. Em vez de preparar o pós-catástrofe, como os colapsistas, ou organizá-lo desde agora, como fariam as medidas punitivas propostas pelos adeptos do decrescimento, é melhor procurar em outro lugar. Essa é a crença deles.

Eis então seus argumentos.

10 Cf. Zineb El Rhazoui, "Faut-il soutenir le courant de pensée décolonial?", *L'Express*, 18 mar. 2020.

CAPÍTULO 3

Reformistas contra fundamentalistas *Crescimento verde e desenvolvimento sustentável* versus *decrescimento*

O crescimento verde é geralmente definido como uma concepção da atividade econômica que continua tendo como objetivo o crescimento, a melhoria do padrão de vida, da expectativa de vida e da equidade social, em suma, o que geralmente chamamos de "progresso", visando ao mesmo tempo uma redução significativa dos danos causados ao meio ambiente pelas atividades humanas. Trata-se, é claro, de conciliar a ecologia e a economia de mercado, no que a noção de crescimento verde é indissociável do conceito de "desenvolvimento sustentável", um modelo de desenvolvimento que pretende fazer o crescimento não conduzir ao esgotamento dos recursos naturais não renováveis. É desnecessário dizer que os colapsistas, e de modo mais geral todos os adeptos do decrescimento, consideram essa visão da ecologia não só errônea, mas também uma impostura, visto que para eles o produtivismo, seja socialista ou, como é geralmente o caso hoje, capitalista, implica inevitavelmente um esgotamento fatal desses recursos – nisso encontramos implicitamente a oposição entre os *fundi* e os *realo*, entre os *deep* e os *shallow*, ou, se quisermos dizer a mesma coisa com clareza, entre os reformistas (social-democratas ou republicanos de centro-direita) e os revolucionários "alterglobalistas", colapsologistas e adeptos do decrescimento, que veem a salvação apenas em uma interrupção pura e simples da lógica industrial/produtivista.

Um otimismo técnico, econômico e político

Em 1972, o Clube de Roma, um grupo de cientistas e de industriais de 52 países que pretendiam se mobilizar em torno das questões ambientais, pediu a um centro de pesquisa do prestigioso MIT (Massachusetts Institute of Technology) que refletisse sobre a questão crucial dos limites do crescimento. Donella e Dennis Meadows, que dirigiam esse centro em Boston, entregaram um relatório significativo intitulado *The limits to growth* [Os limites ao crescimento]. Muito alarmista, seu texto declarava insustentável o desenvolvimento industrial então em curso nos países ricos. Lançando o célebre tema segundo o qual um crescimento infinito é impossível em um mundo finito, eles defendiam, apoiados em fatos e em números, um "crescimento zero", ou, melhor dizendo, um crescimento "equilibrado" e sustentável, um desenvolvimento que não emprestaria a cada ano do planeta mais do que ele é capaz de reconstituir no mesmo lapso de tempo. Esse trabalho, que surgiu em meio às lutas anticapitalistas pós-1968, teve grande repercussão no mundo ocidental, mas os dois principais autores não pararam por aí. Eles decidiram atualizar seu trabalho ao longo do tempo. Uma nova versão foi publicada em 1992, depois outra em 2004, infinitamente menos alarmista que a primeira.

Longe de advogar pelo decrescimento, Dennis Meadows (sua esposa faleceu em 2001, de modo que ele continuou a dirigir a pesquisa sozinho) agora defendia investimentos tecnológicos maciços, uma estratégia que, segundo ele, permitiria reduzir em 80% a utilização dos recursos não renováveis, e em 90% a poluição gerada por unidade de produção, mantendo ao mesmo tempo um bom padrão de vida e de consumo, bem como o aumento da expectativa de vida. Como era de se esperar, a consternação tomou conta dos teóricos do decrescimento, que não esperavam que seu herói sucumbisse ao otimismo do desenvolvimento sustentável e do crescimento verde. Foi, no entanto, o que ele fez em 2004 ao apresentar seu famoso "Cenário 9", um programa que defendia um uso intensivo das novas tecnologias, permitindo, segundo ele, um crescimento sustentável e, por que não, infinito (a citação que se segue é longa, mas é tão significativa dessa mudança otimista de direção que é necessário reservar um tempo para lê-la e meditar sobre ela). Com efeito, em seu cenário atualizado:

> As novas tecnologias podem receber um apoio total. Implementadas ao longo do século, reduzem em 80% a utilização dos recursos não renováveis por unidade de produção industrial e em 90% a poluição gerada por unidade de produção [...]. A sociedade mundial do Cenário 9 consegue iniciar a redução da pressão total sobre o meio ambiente antes de 2020. Depois, a pegada ecológica da humanidade só diminui [...]. O sistema volta para abaixo de seus limites, evita um colapso não controlado, mantém seu padrão de vida. O Cenário 9 é a ilustração da sustentabilidade. O sistema global atingiu o equilíbrio [...]. E como as tecnologias são rápidas o suficiente para trazer de volta a pegada ecológica a um nível sustentável, essa sociedade tem tempo, capital e capacidade para resolver os outros problemas![1]

Ploft! Um duro golpe para os colapsistas, para os quais o "Cenário 9" é o contraponto absoluto, mas também para todos os adeptos do decrescimento! É isto: graças ao progresso científico e tecnológico, a inteligência humana dispõe, segundo Meadows, de todos os

---

1 *Les limites à la croissance (dans un monde fini). Trente ans après la mise à jour, 2004* [Limites ao crescimento (em um mundo finito). Trinta anos após a atualização, 2004] (Rue de l'Échiquier, 2012). Dennis Meadows me critica por ter citado, na revista *Le Figaro* em dezembro de 2020, essa passagem de seu relatório porque era favorável a mim, e é verdade, citei seu "Cenário 9" porque ele evoca sem a menor ambiguidade a possibilidade de que, graças a um forte investimento nas tecnologias modernas, o mundo enverede por um caminho que seria "a ilustração mesma da sustentabilidade". Esse momento de otimismo me interessou ainda mais porque Meadows parecia considerá-lo plausível. Aparentemente, ele mudou de ideia novamente, está voltando ao decrescimento, e lamento por ele. Claro, seu "Cenário 9" veio acompanhado de certas condições. Mas onde ele viu que eu também não as colocava? Se tivesse se dado ao trabalho de me ler, ele saberia que há tempos defendo o ecomodernismo e a economia circular, em outras palavras, uma ruptura radical com a lógica das primeiras Revoluções Industriais, única condição de possibilidade na minha visão de crescimento sustentável em um mundo finito. É essa posição que defendo no restante deste livro.

meios necessários não apenas para resolver os problemas ambientais, mas para continuar a aumentar seu nível e sua expectativa de vida enquanto reduz as desigualdades no mundo! Para isso, basta mostrar inteligência e vontade política, algo nada impossível no direito. Estamos nos antípodas da tecnofobia e da *low-tech* caras aos adeptos do decrescimento, com o problema ecológico voltando a seu bom nível, o da política.

Dany Cohn-Bendit, que obteve na França a melhor votação para os verdes nas eleições com todos os tipos de votos combinados, um militante praticamente insuspeito de ser antiecologista, está hoje de acordo com essa atualização do relatório Meadows. E aqui também, suas observações merecem ser citadas e ponderadas, pois mostram claramente o que estou tentando revelar neste livro, a saber, que os principais debates sobre o meio ambiente não são entre ecologistas e antiecologistas, mas entre militantes ecologistas em desacordo uns com os outros, tanto intelectual quanto politicamente, sobre a questão do decrescimento, *a fortiori* sobre a do colapso:

> Não é preciso gritar "Decrescimento! Decrescimento!" se for para desembocar em uma crise maior, em uma taxa de desemprego e de pobreza recorde, em uma convulsão não apenas em nosso modo de vida, mas em nossas próprias possibilidades de vida. Queremos salvar o clima matando pessoas? Se lhes disséssemos que iríamos prolongar a experiência [do confinamento e da paralisação do trabalho ligada à crise do coronavírus] para lutar contra o aquecimento global, seria de baioneta na mão que eles iriam para o *front*.[2]

E, de fato, todos os partidários do decrescimento, de Hans Jonas a Nicolas Hulot, passando por Aurélien Barrau ou Jean-Marc Jancovici, propõem implementar pela lei, até mesmo suspendendo-a, se necessário, por um direito de veto concedido a uma assembleia de "sábios" (em outras palavras: militantes do decrescimento), medidas coercitivas para proteger o povo de si mesmo.

---

2 Cf. *L'homme et la nature. Les textes fondamentaux*, Le Point Références, 2020.

Vamos lembrar então que os pais fundadores do fundamentalismo verde, como André Gorz, René Dumont ou Ivan Illich, personalidades que nossos adeptos do decrescimentos ainda citam com a voz embargada, eram marxistas fanáticos, anticapitalistas fascinados por regimes totalitários, em particular pelo de Mao, que no entanto fez pouco mais de 60 milhões de mortos em condições de crueldade inimaginável, o que diz muito – como queiram, é só escolher – seja sobre a miopia dos ecologistas radicais, seja sobre a ignomínia de seu ideal.[3] É nesse espírito que Jonas também falava de "tirania benevolente", isto é: da necessária instauração de um regime autoritário destinado a fazer o povo feliz apesar dele mes-

---

3 Como dizia André Gorz, sob o pseudônimo de Michel Bosquet, em *Écologie et politique* [Ecologia e política] (Galilée, 1975), aludindo ao Clube de Roma e ao relatório de Meadows: "Não haverá milagre. O capitalismo não se transformará em seu oposto porque atingidos pela graça alguns importantes empresários terão reconhecido os limites materiais do crescimento [...]. A única questão que se coloca é: podemos viver melhor consumindo menos no âmbito do capitalismo?". Sendo a resposta evidentemente negativa, somente um "programa revolucionário de esquerda" poderia nos permitir mudar de rumo. Mesma ideia em René Dumont, também comentando o relatório de Meadows em seu famoso livro *L'utopie ou la mort* [A utopia ou a morte] (Seuil, 1973): "Para mim é difícil entender que o Clube de Roma, emanando dos dirigentes da economia capitalista, mas também de economistas e de cientistas, abstenha-se de indicar mais claramente as consequências sociais e políticas que já podem ser deduzidas de suas previsões. [...] Eles admitem publicamente que estão nos levando a uma catástrofe muito próxima: devemos, portanto, buscar sair rapidamente do sistema. [...] Denunciaremos [...] as crescentes responsabilidades dos países ricos, das economias dominantes, especialmente as dos ricos e poderosos dos países ricos, esses assassinos que tiram as proteínas da boca das crianças pobres". Perguntamo-nos como os comentários que Illich fazia ainda em 1973 em *La Convivialité* [A convivialidade] (também da editora Seuil) sobre as rodovias, as comunicações ou a escola poderiam receber o menor eco, não fosse a loucura dos acontecimentos de 1968 que ainda reinava na época: "Algumas ferramentas", ele considerava, "são sempre destrutivas independentemente das mãos que as seguram. [...] É o caso das redes de autoestradas com várias faixas, dos sistemas de comunicação de longa distância [...] ou mesmo da escola". Bem: livremo-nos das rodovias, do telefone e da escola, e tudo vai melhorar! Quanto a Dominique Bourg, seu ódio pelas sociedades e pelos tempos modernos simplesmente se transforma em obsessão sem que o mais ínfimo argumento venha provar, por menor que seja, que antes era melhor e que não seria muito pior depois se seguíssemos por infelicidade suas recomendações colapsistas e de decrescimento.

mo. Aqui está o que o amigo Dany, menos tolo que seus colegas, pensa sobre isso hoje:

> Uma tirania é uma tirania! "Tirania benevolente" é um oxímoro. A expressão pode seduzir os amantes de Robespierre. Mas a verdade é que, se você se convencer de que para salvar o planeta é preciso sacrificar a democracia, é provável que não salve nenhum dos dois. Dizem-nos hoje que devemos forçar as pessoas ao decrescimento. É um absurdo! Veja a China: ou se submetem ou fogem! Uma sociedade benevolente é uma sociedade que permite o surgimento de maiorias organizadas em torno de um compromisso ecológico e social.

– o que, infelizmente, o sistema majoritário francês, ao contrário do parlamentarismo alemão, torna difícil, se não impossível, segundo Dany Cohn-Bendit: com efeito, o presidente da República é eleito com 20 ou 25% dos votos no máximo, uma maioria esmagadora lhe é então mecanicamente oferecida na Assembleia, o que dá a ele a sensação, ainda que bastante equivocada, de que para governar poderia prescindir de compromissos com seus adversários.

Nessas condições, é compreensível que os colapsistas, partidários do decrescimento aqui diretamente visados por Meadows e por Cohn-Bendit, direcionem suas flechas principalmente contra os defensores do crescimento verde e do desenvolvimento sustentável, que eles veem como traidores da causa da ecologia, um pouco como os comunistas outrora qualificavam os social-democratas reformistas de "social-traidores". É evidente que os reformistas não ficam atrás, e a apresentação de sua visão de mundo começa quase sempre, como acabamos de ver, por uma crítica radical às ideologias do decrescimento e, sobretudo, à colapsologia que eles, por sua vez, consideram delirante, paranoica, liberticida e, em qualquer caso, inaplicável.

É, portanto, com a apresentação dessas críticas que eu mesmo iniciarei este capítulo, não sem mencionar sempre que necessário, mas com objetividade, as respostas que os colapsistas e os adeptos do decrescimento tentam dar a elas.

Dez críticas aos colapsistas e alarmistas revolucionários em nome de um possível reformismo

Não há como negar o impacto negativo das atividades humanas no meio ambiente. Os reformistas não procuram mais que os radicais refutarem certas constatações evidentes sobre o fato de que o planeta não está bem. É nas conclusões e nas soluções que o projeto do decrescimento lhes parece absurdo. Comecemos, na esteira do que dizem Meadows e Cohn-Bendit, pela questão da aplicabilidade de um decrescimento maciço, de uma política que viesse atacar duramente nossos modos de vida, nosso poder de compra e nossas liberdades.

1. Nenhum Estado, democrático ou não, defende hoje outra coisa que não seja o crescimento

Observaremos antes de mais nada, porque não deixa de ser um sinal importante, que dos 193 Estados-membros da ONU não há um, repito, não há um, que defenda o decrescimento. Acrescentamos que, por enquanto, os movimentos populares estão fazendo o mesmo, como atesta aquele dos Coletes Amarelos, que, salvo engano de minha parte, não pediam nem redução do poder aquisitivo, nem limite de velocidade, nem aumento do preço dos combustíveis (é um eufemismo...). Assim, ou os povos – mas com eles também todos os Estados do planeta – são imbecis imersos na "negação", como afirmam os mais fanáticos, ou têm alguns motivos para não ceder às sereias do decrescimento, que, na realidade, apenas um punhado de militantes e de ativistas exigem. Eles responderão, certamente, que se pode estar em minoria e ter razão, que todos os governantes do mundo são cínicos que pensam somente na própria reeleição, que os povos viciados em crescimento carecem da mais elementar lucidez. Que seja. No entanto, mesmo partindo dessa hipótese – semelhante ao velho chavão marxista-leninista segundo o qual os camponeses não tinham "consciência de classe", e por isso era preciso exterminá-los ou impor-lhes à força pela reeducação –, o fato é que as políticas de decrescimento não têm nenhuma chance de serem aprovadas democraticamente. Quanto àqueles que sonham, como Dominique Bourg, em impô-las suspendendo certos princípios democráticos fundamentais em favor de uma assembleia de especialistas cuidadosamente escolhidos por seu engajamento a favor do fundamentalismo verde, desejo-lhes boa sorte: não só suas tentações autoritárias são detestáveis, como eu também apostaria de bom grado no fato de que os povos que experimentaram a democracia não se deixarão enganar tão facilmente.

Talvez digam que "não é a rua que governa", mas é isso que sempre vimos ou acabamos vendo um dia ou outro quando existe a pretensão de se opor a ela frontalmente. Principalmente nos estertores de uma crise como a que vivemos com a Covid-19, os políticos e os povos buscam, e isso sem nenhuma exceção, a salvação em um crescimento cujo retorno eles desejam que ocorra tão rapidamente quanto possível, do contrário as falências e o desemprego provocarão uma miséria humana como a que o Ocidente experimentou em 1929. Ou são todos uns tolos e canalhas cegos pela ganância, ou há razões para que não possam ou não queiram ir no sentido da redução da qualidade de vida e do poder de compra que lhes prometem os fundamentalistas, e isso "inclusive para aqueles que recebem salário mínimo", como Jancovici admite, de fato, não sem uma certa honestidade. Em todo caso, mesmo admitindo que todos os membros de todos os governos de todos os países do mundo todo ao mesmo tempo que todos seus cidadãos, exceto um punhado de ativistas, estejam errados, mesmo nessa hipótese, é preciso admitir que o projeto de decrescimento não teria mais chances de ser aprovado, e menos ainda em nossos sistemas democráticos que em qualquer outro lugar. No mais, é exatamente sobre esse argumento que os colapsologistas se baseiam para dizer que o colapso é inevitável, já programado, já que o decrescimento que talvez pudesse preveni-lo é impossível de vender.

2. Organizar democraticamente o decrescimento é impossível não apenas de fato, mas de direito

Quanto a esse assunto, nada melhor que citar as palavras de Yves Cochet no debate que se seguiu à sua intervenção no seminário do

Conselho de Análise da Sociedade, o qual presidi em 2007 (diálogo publicado em 2011 pela editora Odile Jacob em um livro intitulado *Querelles écologiques et choix politiques* [Querelas ecológicas e escolhas políticas]). Em seguida, coloquei muito diretamente a seguinte pergunta:

> Como você consegue vender um decrescimento da pegada ecológica que não acontecerá a não ser se acompanhado pelo decrescimento econômico e social, sem interromper o desenvolvimento econômico, o que suporia uma mudança de modelo, que saiamos do capitalismo. Mas para ir em direção a quê?.

Aqui está a resposta dada por Cochet, uma resposta muito honesta que cito na íntegra, primeiro porque não gostaria de caricaturar suas afirmações ou ironizá-las, mas também porque ela é significativa da impossibilidade de aprovar democraticamente uma política de decrescimento:

> Não acredito que a mudança possa resultar do fato de concorrer às eleições colocando o decrescimento no programa, propondo uma reforma, um projeto de lei. Não vai acontecer assim. É preciso que uma verdadeira catástrofe humana ocorra. De que forma? Não sei. E então veremos um Churchill, um Roosevelt, um De Gaulle se levantar e dizer: "Aqui está o que eu proponho", e teremos de ser duros. Nessa hora, tudo mudará. Ford, em 1941, produziu 1,5 milhão de carros, em 1942, mais nenhum carro [vale observar, de passagem, quanto essa referência é tudo menos trivial: é à custa de uma catástrofe do mesmo calibre que o nazismo e a guerra que deteremos o crescimento, o que mostra quão extraordinariamente alto é o preço do decrescimento até mesmo para aqueles que são a favor dele]. Infelizmente, isso é o que provavelmente acontecerá devido à cegueira de nossos políticos. Não sei quando isso vai acontecer, mas tenho certeza de que vai. Meu amigo Jean Gadrey, um economista que escreveu um livro sobre o fim do crescimento, imagina que poderemos projetar um modelo de decrescimento agradável e de sobriedade próspera que fará as

> pessoas quererem aderir ao projeto. Vamos promover bens imateriais, o amor, Mozart, em vez de bens materiais. É um projeto simpático, mas não é assim que as coisas são feitas na política. Tem de haver uma desordem social, para não dizer um caos ou uma guerra civil, para que ocorra um sobressalto. Acredito na teoria do sobressalto, pois nenhuma população se deixa morrer dizendo a si mesma que é o fim do mundo. Talvez então apareçam líderes, pessoas conhecedoras e determinadas. Isso também pode, infelizmente, acontecer por parte da extrema direita, ao som de "ninguém presta". O que me parece certo, em todo caso, é que uma reviravolta política ocorrerá nos próximos dez anos.

Nosso debate, como eu disse, foi realizado em 2007. Estamos em 2021, mas, por enquanto, o mínimo que podemos dizer é que não aconteceu essa famosa "reviravolta política", o que mostra então a fragilidade das previsões colapsistas. De qualquer forma, é claro que nossos colapsologistas desejam uma catástrofe cósmica para que finalmente tomemos consciência da situação e reajamos à moda do famoso impulso dos pés contra o fundo da piscina.

Não compartilho, evidentemente, dessa estranha convicção. Acho, como veremos na segunda parte deste livro, que existem soluções pacíficas e eficazes sem passar por uma catástrofe redentora ou pelo decrescimento punitivo. Dominique Bourg, ex-presidente do conselho científico da Fundação Nicolas-Hulot, defende a criação de um "alto conselho do futuro" cujas intervenções não seriam apenas consultivas (ao contrário, por exemplo, das do atual CESE [Conselho Econômico, Social e Ambiental], que ninguém, é verdade, praticamente leva em conta). Esse conselho deveria, segundo ele, ser formado por "jovens pesquisadores oriundos tanto das ciências exatas como das ciências humanas" (por que jovens? Os velhos não estão interessados em seu destino ou no futuro de seus filhos? Nem vamos mencionar as bobagens do etarismo...). Todo o problema desse tipo de propostas tão precipitadas quanto mal pensadas decorre evidentemente da composição desse tipo de conselho colocado acima das assembleias parlamentares eleitas. Será que ele tomaria as mesmas decisões se fosse composto de, digamos, Laurent Alexandre, Jean de Kervasdoué, Sylvie Brunel, Vincent Courtillot e Pascal Bruckner ou então Jean-Marc Jancovici, Delphine Batho, Aurélien Barrau, Serge Latouche e Dominique Bourg? E quem decidirá que os malvados (os primeiros) devem ser absolutamente excluídos em favor dos bonzinhos (os segundos)?

Afirmar que a objetividade das informações científicas é suficiente hoje para fazer todos concordarem equivale a um cientificismo falsamente ingênuo, na verdade, um maquiavelismo dogmático. Pudemos medir por ocasião da crise do coronavírus o quanto os cientistas podiam discordar uns dos outros, uma realidade que, aliás, toda a história das ciências confirma. Basta recordar os debates ocorridos em torno da teoria da relatividade para mensurar a que ponto o campo da pesquisa científica está repleto de som e fúria, de paixões e de subjetividade. Em todo caso, esperar substituir gradualmente a democracia representativa por um novo tipo de tecnocracia ecológica, reatando assim com a velha ideia marxista de que existe uma ciência da política, ou melhor, uma política científica que mais ninguém poderia contestar sem ser, como diz Aurélien Barrau, "descerebrado" – sendo os oponentes do decrescimento necessariamente loucos que pertenceriam ao hospital psiquiátrico ou canalhas negacionistas –, é tão absurdo quanto injusto.

Na seção "Suspensão da democracia em favor de uma ciência que enviará os recalcitrantes para o *gulag*", citaremos ainda as inquietantes observações feitas recentemente por Corinne Lepage na rádio France Inter. Ela propunha com seriedade fazer desde já um cadastro das personalidades que estão fora da linha, a começar pelos céticos e pelos críticos do ambientalismo:

> Se há pessoas que querem ser céticas em relação ao clima, é problema delas. Continuo a pensar que, a dada altura, teremos de fazer um registro muito preciso de todos os que terão se pronunciado e atuado em um contexto de ceticismo em relação ao clima para que, dentro de alguns anos, eles assumam a responsabilidade pelo menos moral do que terão feito.

Ao menos um pouco preocupada com a ideia de um registro dos dissidentes, a entrevistadora pergunta-lhe para que exatamente serviria esse registro de quem não pensa corretamente. Resposta: "Para até mesmo condená-los em longo prazo", Corinne Lepage defendendo então a ideia de um "crime ambiental" por um simples crime de opinião, como se a dúvida e até o direito de errar já não pudessem mais participar dos debates científicos em uma democracia, como se pudéssemos condenar as pessoas porque seu pensamento não está de acordo com a verdade.

O ápice no gênero é alcançado pelos comentários verdadeiramente delirantes de dois sociólogos do CNRS [Centro Nacional de Pesquisa Científica], Michel Pinçon e Monique Pinçon-Charlot, que, sem dúvida, tomados por uma crise aguda de delírio paranoico, explicam como os capitalistas fabricam deliberadamente o aquecimento climático e a pilhagem dos recursos naturais para depois proceder tranquilamente à eliminação dos pobres dos quais já não precisarão, pois serão então substituídos pela inteligência artificial e pela robótica. Não pense que estou brincando, aqui estão suas palavras exatas, que você pode encontrar facilmente na internet, onde elas até geraram alguns debates:

> O desregramento climático, pelo qual os capitalistas, que saquearam os recursos naturais, são os únicos responsáveis, é sua arma definitiva para eliminar a parte mais pobre da humanidade que se tornou inútil na era dos robôs e da automação generalizada. A inteligência artificial governará então o planeta em benefício dos ricos sobreviventes, uma vez que furacões, tempestades, inundações e incêndios gigantescos terão feito o trabalho sujo.

Veremos...

3. Dar o exemplo? Mas do que exatamente, já que o decrescimento não tem sentido quando aplicado apenas em um país?

"Mesmo assim temos de dar o exemplo, mesmo que seja ao custo de uma redução drástica de nossos salários e de nossos estilos de vida caros demais!", esse é o discurso que os adeptos do decrescimento entoam de bom grado. Desejo boa sorte àqueles que corajosamente se comprometerão em convencer a África, a América Latina, a China e a Índia, para não falar dos países do Oriente, do Vietnã, da Coreia, da Indonésia ou da Rússia, a entrarem no decrescimento para apertar o cinto! Dirão que é preciso começar dando o exemplo em casa. É para ser admirável, mas do que exatamente daríamos um exemplo? De um país que se dá um tiro no pé ou de um país capaz de oferecer ao resto do mundo inovações capazes de caminhar na direção de uma ecologia finalmente reconciliada com a economia? Vamos colocar as coisas de forma ainda mais clara: suponhamos por um momento, por hipótese, que toda a França seja varrida do mapa, com toda sua indústria, toda sua agricultura, seus aviões, seus caminhões e todos seus carros, enfim, tudo que pode poluir ou contribuir para perturbar o clima. O problema é que isso não mudaria nada nem no destino do planeta, nem mesmo na mudança climática. Comparada aos 3 bilhões de indianos e de chineses, com suas usinas movidas a carvão, seu crescimento ultrarrápido e seus desejos legítimos de acesso aos padrões de vida ocidentais, a França é uma quantidade infinitesimal. Acrescente a isso as emissões de gases de efeito estufa dos Estados Unidos, os incêndios do Brasil, da África e da Austrália, para não falar das indústrias e da agricultura do resto do mundo, e essa quantidade infinitesimal tende diretamente a zero. Alegar, como fizeram nossos dirigentes, que íamos entrar na famosa "transição ecológica" e "dar o exemplo" ao mundo inteiro ao passar os limites de velocidade de 90 para 80 km/h nas estradas e aumentar o preço da gasolina seria uma piada, para não dizer um delírio ideológico incompreensível, se não víssemos que na realidade se tratava de manter Nicolas Hulot no governo, com, aliás, a eficácia que temos visto... O único exemplo que demos a nossos vizinhos foi o dos Coletes Amarelos associados a uma mistura interminável de ridículo e de violência, o exemplo de um país à beira de um colapso nervoso que afugentou turistas e arrasou milhares de empresas micro, pequenas e médias localizadas nos centros das cidades. Nossos inimigos se aproveitaram disso: Trump, Putin, Bolsonaro, Salvini ou Erdogan nunca perdem a oportunidade de relembrar nossas dificuldades para censurar nossa arrogância de caga-regras.

Talvez, dirão os colapsistas e os jovens anticapitalistas adeptos do decrescimento – que, por trás de seus sonhos de "extinção/rebelião", visam sair de nosso modelo econômico e social –, "devamos ainda assim dar o exemplo para podermos pedir reciprocidade aos outros". Só que os outros não têm nada a ver com isso! Quem pode seriamente acreditar que ao impor medidas punitivas sobre o salário, a mobilidade e o consumo, a França se tornaria um modelo inspirador para todo o planeta? Pensamos seriamente que os chineses e os indianos seguirão nossos passos? A verdade é que só nos veem como um contramodelo, com nossas 35 horas semanais de trabalho, nossas repetidas greves, nossa hostilidade ao trabalho, nossa taxa recorde de desemprego e nossa incapacidade crônica de financiar as aposentadorias por meio de uma extensão razoável do período de contribuição. Não oferecemos a eles senão o espetáculo de um país que nunca deve ser tomado como modelo.

Então, você vai me dizer, não fazemos nada? Não damos o exemplo? Não, não fazemos nada, investimos maciçamente em inovação, como recomenda Meadows, no ecomodernismo, na economia circular e na terceira Revolução Industrial. É claro que voltaremos a isso na segunda parte deste livro, mas vamos dizê-lo agora: quando os fabricantes de automóveis anunciam seu desejo de resolver o problema das terras-raras para tornar o carro elétrico finalmente acessível e não poluente, eles fazem mais pelo planeta que o jovem burguesinho parisiense que vai para o campo a fim de "criar ovelhas". Aos olhos dos reformistas, é evidente que não é o decrescimento, mas sim a inovação que salvará o mundo, pois, em todo caso, gostemos ou não, jamais poderemos impedir o crescimento populacional ou proibir os bilhões de indivíduos que saem da miséria dos países comunistas ou do Terceiro Mundo de quererem se desenvolver tanto quanto nós nos séculos XIX e XX. Elaborar, para eles como para nós, as soluções técnicas e científicas do futuro em matéria de energia, urbanismo e agricultura é a única forma de avançar em matéria de ecologia. Em todo caso, é assim que pensam os reformistas a favor do crescimento verde.

4. Previsões baseadas nos conceitos fantasiosos do "dia da sobrecarga" e da "pegada ecológica" que visam, antes de mais nada, desacreditar as conquistas da modernidade

Em julho de 2019, podia-se ler em uma revista semanal, no entanto séria – neste caso, a *Le Point* –, um artigo que começava com estas afirmações alarmantes: "O dia da sobrecarga é o símbolo do consumo excessivo. Em 2019, o conjunto dos recursos que a Terra consegue produzir em um ano foram consumidos em apenas sete meses... um tempo que continua diminuindo". O resto do artigo tentava dar algum sentido ao famoso conceito inventado pela ONG americana Global Footprint Network, uma instituição que milita pela "sustentabilidade" em uma perspectiva claramente fundamentalista.

> O dia da sobrecarga – *Earth Overshoot Day* – é a data em que a humanidade consumiu o conjunto dos recursos naturais que a Terra pode renovar: florestas, terras aráveis ou mesmo peixes [...]. Dois números são usados pela ONG: a pegada ecológica das atividades humanas, ou seja, as superfícies terrestres e marítimas necessárias para produzir os recursos consumidos e para absorver os resíduos da população, bem como a capacidade dos ecossistemas para se regenerar e para absorver os resíduos produzidos pelo homem, em particular o sequestro de CO_2, denominada "biocapacidade". Essa sobrecarga ocorre quando a pressão humana excede as capacidades regenerativas dos ecossistemas naturais.

Como quase todo o resto da imprensa na mesma época, o artigo da *Le Point* apresenta esses dados sem o menor espírito crítico, como se fossem evidências cientificamente bem documentadas. No entanto, não é preciso ser formado pela Politécnica para compreender que eles quase não fazem sentido, e isso por uma razão fundamental que o jornalista deveria ter no mínimo mencionado: no que diz respeito à capacidade das superfícies terrestres ou marítimas de produzirem os recursos que consumimos ao longo de um ano, tudo depende evidentemente do estado das ciências e das técnicas utilizadas. Um hectare de terra não produz a mesma quantidade de bens conforme seja cultivado com ferramentas rurais que datam da Idade Média ou com biotecnologias modernas, pós-revolução verde, em constante evolução. Como observa Sylvie Brunel, acadêmica, professora de geografia na Sorbonne, que sabe do que está falando,[4] o conceito de "pegada ecológica", que se apoia na conversão das atividades humanas em "hectares bioprodutivos", ou seja, como acabamos de ver, em termos de superfície natural disponível para fornecer os recursos que consumimos e absorver nossos resíduos, não é apenas fantasioso, mas também enviesado e ideologicamente parcial:

> Seu cálculo, que ignora todas as conquistas do progresso técnico, apoia-se em bases altamente questionáveis cuja característica é penalizar sistematicamente todas as atividades relacionadas à modernidade (conforto por causa do aquecimento ou do ar-condicionado, mobilidade permitida pelos deslocamentos motorizados, consumo de proteína animal etc.). Quando um dado não entra em seu modo de cálculo, a pegada ecológica simplesmente não a contabiliza. Como a energia nuclear: impossível calcular o número de hectares bioprodutivos necessários para compensar a energia nuclear. Logo, a ignoramos! Isso não impede que essa referência maluca seja reconhecida como autoridade: desde 1987, a humanidade viveria "acima de seus meios" a partir do mês de julho!

O problema é que essa afirmação é, segundo Sylvie Brunel, tão gratuita quanto mal fundamentada. No entanto, essa falta de justificativa séria é paradoxalmente um trunfo no nível midiático: como ninguém entende nada em relação a ela e é praticamente impossível verificar o modo de cálculo tão obscuro quanto incompreensível posto em prática pela famosa Network, o que o cidadão comum guarda é simplesmente que o mundo caminha para o desastre, que

4 Cf. seu excelente livro *Le développement durable*, PUF, 2004, p. 66 (coleção Que sais-je?).

a modernidade está nos levando à nossa queda, que é melhor pararmos o desenvolvimento, o crescimento e o consumo para retroceder urgentemente. E como na verdade ninguém quer isso e os adeptos do decrescimento não oferecem nenhuma solução realista, esse discurso, em última análise, não tem outro efeito na realidade senão criar uma espécie de ansiedade pairante que pode, no entanto, se for o caso, transformar-se em um trunfo na época das eleições, especialmente quando os partidos tradicionais estão com problemas como é o caso hoje na França.

Em uma entrevista para a *Le Point* em 2018, Michael Shellenberger, um ecologista hostil às ideologias do decrescimento, foi direto ao ponto,[5] explicando como, em nome de um conceito "sistêmico" do meio ambiente tão pomposo quanto vago, os cálculos da Global Footprint Network misturam, com efeito, tudo e qualquer coisa, em vez de separar os assuntos e propor soluções adaptadas a cada um deles.[6] O conceito de "pegada ecológica" alega, com efeito, levar

5 "Os ambientalistas há muito afirmam que estamos ficando sem recursos e que isso é um fato cientificamente comprovado. Mas eles nunca tiveram provas! O "dia da sobrecarga" é baseado na noção de pegada ecológica, que consiste em seis medidas de uso dos seguintes recursos: carbono, terras agrícolas, terras urbanizadas, pastagens, pesca e floresta. Ora, segundo sua própria metodologia, cinco dos seis recursos estão em equilíbrio, ou mesmo superavitários. [...] A última medição é a do dióxido de carbono, exceto que não é de forma alguma um recurso, mas uma poluição. [...] A pegada ecológica é assim reduzida apenas à pegada de carbono! Eles sequer são capazes de calcular essa pegada de carbono a partir do número de árvores que teríamos de cultivar para compensar nossa produção de CO_2. Eles então combinam todos os dados em um único, o qual chamam "pegada ecológica" e que supostamente mostra que estamos esgotando os recursos! A pegada ecológica é pior que as falsas ciências como a astrologia, na medida em que os criadores dessa medida enganam intencionalmente os indivíduos. Isso então é levado para todo lado como informação, sem qualquer verificação!"

6 Por exemplo, como sugere Shellenberger, podemos enfrentar os problemas de poluição ou o desafio climático "usando menos terras agrícolas, sendo mais eficientes no uso de fertilizantes ou, no caso das emissões de CO_2, utilizando a energia nuclear em nossa produção de eletricidade, mas os ecologistas preferem nos culpar pelo superconsumo, atacar a modernidade, o desenvolvimento e a prosperidade. Querem assustar as pessoas e fazê-las acreditar que a única maneira de consertar o aquecimento global é se tornar pobre, vegetariano, não pegar avião, não usar eletricidade. Para espalhar o medo, eles devem exagerar os problemas, combinando-os e sugerindo que são consequência de a humanidade ser muito próspera e desenvolvida".

em conta seis índices que supostamente mostram o esgotamento dos recursos naturais, bem como as capacidades de reciclagem por causa da pressão excessiva das atividades humanas. Então vamos ao fundo do raciocínio. Os seis critérios são os seguintes: trata-se dos campos cultivados, áreas de pesca, pastagens, florestas para madeira, áreas urbanizadas e florestas para sequestro do carbono (a pegada de carbono).

Os cientistas que contestam a pertinência desse método de cálculo levantam essencialmente duas objeções. A primeira diz respeito ao fato de que todos esses referentes se fundem em um só no seio de uma nova entidade chamada "hectare global", o que é uma primeira falha metodológica, pois são questões completamente diferentes: a da pesca excessiva, por exemplo, nada tem a ver com o desmatamento, e os problemas colocados por esses dois assuntos podem e devem receber soluções que – elas também – nada têm a ver umas com as outras. Misturá-los em uma única unidade, o "hectare global do planeta", portanto, não faz sentido algum, exceto para fabricar uma máquina de guerra simplista para estigmatizar as atividades dos pequenos humanos malvados que vivem nos países desenvolvidos. Além disso, é bastante evidente, como diz Sylvie Brunel, que tudo depende do estado das técnicas utilizadas no aproveitamento dessas superfícies.

Mas a segunda falácia é ainda mais desonesta: segundo um estudo publicado na revista *PLOS Biology* em novembro de 2013 por seis pesquisadores, entre eles Ted Nordhaus e Michael Shellenberger, dos seis critérios escolhidos, cinco estão em equilíbrio, ou mesmo em excesso, mas, além disso, o sexto (a pegada de carbono) não é de forma alguma um recurso, mas uma poluição! Ora, é insensato medi-lo com base no número de hectares de árvores que o planeta deveria ter para absorver as nossas emissões de CO_2, pois tudo depende evidentemente dos métodos de produção de energia que utilizamos. Por exemplo, se a eletricidade produzida pela energia nuclear, que não emite de gases de efeito estufa e por isso não contribui para o aquecimento global, fosse generalizada nos nossos transportes como nas nossas cozinhas e nas nossas indústrias, o problema da pegada de carbono deixaria de se colocar nos mesmos termos que na Alemanha, onde se continuam a utilizar usinas a carvão para gerar eletricidade. Se há crime contra o meio ambiente, ele está, isso sim, no fechamento da usina nuclear de Fessenheim, exigido por Nicolas Hulot e concedido pelo atual governo. Podemos também, outro exemplo, trabalhar para reduzir as áreas cultivadas por meio de uma agricultura mais intensiva, com estufas construídas em altura, desassociando as áreas industriais e as cidades dos espaços que possam retornar ao estado selvagem para restaurar a biodiversidade.

Em suma, muitas soluções existem, desde que não urrem o fim do mundo baseando seu catastrofismo em uma miscelânea de problemas que podem ser resolvidos separadamente graças à ciência moderna e às técnicas que ela já permite desenvolver. Mas, como a crítica feita por Shellenberger na entrevista que citamos, os adeptos do decrescimento querem tudo o que queremos, menos resolver os problemas, pois o objetivo deles é acabar com a civilização moderna advinda do Iluminismo. Para assustar as grandes massas, eles não hesitam em proclamar, como Aurélien Barrau, que estamos diante do "maior desafio da humanidade", como se a ascensão do totalitarismo na Europa na década de 1930, a guerra contra o nazismo ou a grande peste da Idade Média não passassem de ninharias perto do que nosso novo Jesus carrega em seus ombros frágeis.

Claro que ninguém nega que haja uma pegada no meio ambiente em razão das atividades humanas, mas afirmar que ela pode ser calculada de forma tão simplista e abrangente com base nesses seis critérios é uma farsa, é na verdade uma impostura não desprovida de segundas intenções. De fato, de acordo com a metodologia implementada pela Global Footprint Network, trata-se na verdade de estigmatizar os países ricos mediante o recuo ano a ano da data do famoso "dia da sobrecarga", a fim de tornar plausível a ideologia punitiva segundo a qual é melhor sermos pobres, apertar o cinto, abrir mão das tecnologias sofisticadas e consumir menos. Assim, países mais desenvolvidos como os Estados Unidos ou o Canadá deverão viver de crédito a partir do fim do mês de março, enquanto países mergulhados na miséria, como Cuba, Iraque e Nicarágua, onde, como todos sabem, a vida é tão boa, só começam em dezembro, o que faria deles modelos!

O que se esconde por detrás desse pseudocálculo do "dia da sobrecarga" é simplesmente um ódio patológico e irracional ao progresso e à modernidade que encontramos de forma contínua nos discursos do decrescimento, como podemos constatar, entre outras, nesta passagem do prefácio do livro de Pablo Servigne *Un autre fin de monde est possible* [Um outro fim de mundo é possível] (Seuil, 2018), escrito por Dominique Bourg – argumentos simplistas, mas tão típicos do entusiasmo pelo decrescimento que mostram em estado quimicamente puro como, para além de toda racionalidade, formam-se ideologias milenaristas que não deixam nada a dever aos mais delirantes fundamentalismos religiosos:

> Só o progresso (qual?), a ciência (a da Bayer, da Monsanto e de seus protocolos *science based*?), o cálculo, o PIB, o crescimento, a competitividade, a eficiência, o domínio da matéria, o capital, a liberdade (qual? de quem? para quê?), a humanidade (sozinha em um mundo mineral?) nos permitiriam construir o Éden aqui embaixo. [...] Era preciso, sem maiores considerações, crescer, descolar-se da natureza, individualizar-se, automatizar-se em todas as direções, ir sempre mais rápido, mais longe [...]. Basta! Paremos de impulsionar essa modernidade deletéria!

Pergunta: para ir aonde? Para trás? Para os tempos em que a fome e a miséria reinavam soberanas? Em que a medicina matava mais do que salvava? Em que a expectativa de vida estagnava em torno de 20 ou 30 anos? Em que a mortalidade infantil era terrível? Em que, na ausência de individualismo e de liberdade pessoal, as aldeias casavam os jovens à força? Em que as mulheres, presas na domesticidade, não tinham nem direito de voto nem de dar sua opinião? Em que a alquimia e a superstição ignoravam essa ciência que Dominique Bourg reduz de maneira pueril à Monsanto e à Bayer? Em que os humanos, com efeito, presos à natureza e à terra viviam na ignorância de outros horizontes, de outras línguas e de outras culturas? Em que 99% dos indivíduos encerrados nos limites de sua vida local, impossibilitados de viajar por falta de mobilidade e de dinheiro, viam-se privados de acesso ao pensamento alargado? Em que cada geração de homens conhecia infalivelmente a guerra? Em que a democracia e os direitos humanos não faziam parte da vida política? Em que se era enviado para a prisão ou para o cadafalso com uma simples carta assinada pelo rei? Em que a alquimia, os delírios religiosos, o obscurantismo e a superstição dominavam as mentes? É realmente preciso interromper todos os progressos conseguidos por nossa Europa, com efeito moderna, desde a revolução científica do século XVIII? Só um homem conquistado pela ideologia verde do decrescimento antimoderno poderia desejar isso, uma vez que, como afirmou Mona Ozouf em um recente debate com Alain Finkielkraut, nenhuma mulher poderia seriamente desejar acabar com a modernidade e o progresso!

5. Constatações não demonstradas, às vezes mentirosas, essencialmente destinadas a assustar as populações

A hipótese do colapso está demonstrada? A resposta é não, como reconhece o próprio Yves Cochet, sempre com aquela honestidade intelectual que só posso apreciar, apesar de nossas divergências. Escreve ele no livro que já citamos:

> Cuidado, os catastrofistas, inclusive eu, não podem alegar uma certeza absoluta quanto à ocorrência do colapso. Eles simplesmente estimam que, no momento, esse é o cenário mais provável. Com efeito, muito racionalmente, não há prova integral por acumulação. Só porque milhares de pessoas afirmam ter visto discos voadores, isso não significa que eles realmente existam. Portanto, não é porque cada vez mais pessoas acreditam no colapso que ele é certo.[7]

7 Yves Cochet, *Devant l'effondrement. Essai de collapsologie. Le compte à rebours a commencé*, Éditions Les Liens qui Libèrent, 2019, p. 197.

Eu realmente gosto da comparação com os discos voadores. Concordarão comigo que ela diz muito a respeito da incerteza que pesa sobre o colapso, tanto mais que Cochet não hesita em deixar claro que sua convicção no assunto é apenas "subjetiva", de ordem "psicológica": não é objetivamente, ele escreve, mas "subjetivamente, do ângulo da psicologia evolucionista e da psicologia social" que a "probabilidade do colapso me parece ainda mais elevada". Não só a convicção de que a catástrofe é iminente e de que 4 bilhões de seres humanos vão sem dúvida morrer na próxima década não é objeto de provas objetivas, e, sim, no máximo, de convicções psicológicas e subjetivas, como quase sempre esse tipo de previsão que ignora as faculdades de resiliência dos sistemas complexos, bem como da liberdade humana e da capacidade que temos de reagir, se mostra errônea.

Sejamos claros: seria necessário um livro inteiro, ou melhor, uma coleção completa para escrever a história das previsões "científicas" "mais do que prováveis" que se revelaram totalmente fantasiosas. Lembremo-nos das profecias apocalípticas do primeiro colapsista, Paul Ehrlich, que, em 1968, publicou um livro intitulado simplesmente *A bomba populacional*. O livro rapidamente se tornou um *best-seller*, vendendo mais de 2 milhões de exemplares. Os fundamentalistas verdes detestam que os lembremos de suas teses, pois, quando o assunto é previsões científicas, o livro de Ehrlich é certamente um dos mais absurdos já publicados na história editorial. No entanto, seu autor desfrutava dos mais invejáveis selos acadêmicos: professor em Stanford, uma das melhores universidades dos Estados Unidos, entomologista notável, lecionava no departamento de biologia, onde chegou a dirigir um centro de pesquisa. Em suma, tinha tudo para ser crível no plano acadêmico, o que não impediu o pobre louco de anunciar em seus livros (publicou em 1969 uma continuação de *A bomba populacional* intitulada *Ecocatástrofe*) pilhérias inverossímeis, combinadas a conclusões delirantes e recomendações simplesmente fascinantes. Ele alegava, principalmente, que em meados dos anos 1970 a superpopulação levaria a centenas de milhões de mortes por desnutrição! Fundando, com outros dois colegas, uma organização chamada "Crescimento Populacional

Zero", ele defendeu a esterilização forçada de mulheres que excedessem uma certa cota de filhos, até mesmo a adição pura e simples de esterilizantes nos reservatórios de água potável e nos alimentos básicos. Para completar, ele queria que o Estado implementasse com urgência uma sobretaxa em mamadeiras, fraldas, carrinhos e comida para bebês! Para dar o exemplo, ele mesmo passou por uma vasectomia.

E tem mais: arrebatado pelo ardor malthusiano que o levava a tratar como "palhaços" e "idiotas" todos os que não aderiam às suas teses, continuou a lançar previsões cada vez mais insanas, sem que sua popularidade sofresse o menor arranhão. Pelo contrário, quanto mais ele divagava, mais os ecologistas do mundo todo achavam admirável sua forma de soar o alarme, um pouco como hoje se reconhecem no discurso de Greta Thunberg. Em um desses seus acessos de loucura tão típicos, declarou que em "1980 a expectativa de vida dos americanos não ultrapassaria os 42 anos por causa dos pesticidas e do DDT", acrescentando, para completar esse oráculo que nos deixa sem palavras: "se eu gostasse de jogar, até apostaria que no ano 2000 a Inglaterra terá desaparecido". Como sua especialidade era o estudo das populações, ele também previu, sempre com a mesma perspectiva, que no ano 2000 a população de Calcutá atingiria os 66 milhões de habitantes... enquanto ela não ultrapassou os 17 milhões!

A absurdidade de seu catastrofismo deveria ter prejudicado sua popularidade, mas aconteceu o contrário. Ehrlich, também levado por uma "onda verde", tornou-se uma verdadeira estrela da mídia. Só no ano de 1970, ele apareceu mais de duzentas vezes em programas de rádio e televisão, encadeando de passagem centenas de conferências cujas teses foram veiculadas até em revistas como a *Penthouse* e a *Playboy*. Desesperado com o sucesso dessas asneiras, um economista, Julian Simon, professor em uma modesta universidade de Illinois, propôs-lhe uma aposta. Ehrlich, com efeito, continuava afirmando que, por causa do crescimento populacional, a mãe de todas as catástrofes, o preço dos recursos naturais raros e preciosos estava fadado a explodir. Simon sugeriu que Ehrlich escolhesse cinco metais que segundo ele certamente aumentariam de valor. Ehrlich escolheu cobre, níquel, tungstênio, cromo e estanho. Isso foi em 1980, e a aposta valia até 1990. Mas, na data fatídica, constatou-se que Simon estava certo, que Ehrlich, mais uma vez, havia se enganado redondamente: por motivos óbvios ligados às inovações tecnológicas nos processos de extração e de prospecção, mas também à substituição de outros elementos pelos que Ehrlich havia escolhido, o preço desses cinco metais havia caído consideravelmente, o que obrigou Ehrlich a enviar ao colega o valor da aposta, um cheque de 576,07 dólares. Mais uma vez, alguém poderia pensar que sua reputação com os ecologistas seria um tanto manchada, mas não foi. Como seu sucesso o tornou um ídolo dos conservadores, Simon é que foi considerado um "cético" infrequentável.

Há que se dizer que esses eventos ocorreram no rasto do famoso relatório Meadows de 1972 sobre os limites do crescimento, um relatório que, cumpre lembrar, defendia no início, antes de Meadows mudar de opinião, a ideia de que um crescimento infinito é impossível em um mundo finito, tese que Simon, como os ecomodernistas que discutiremos mais adiante, considerava absurda. Por trás da aposta com Ehrlich, portanto, não havia apenas uma questão específica da economia, mas – muito mais amplamente – da oposição entre os partidários do crescimento verde e os do decrescimento. Diante de ideologias dogmáticas e obscurantistas, a verdadeira ciência evidentemente não teve chances de vencer...

Alguém poderia dizer que isso não invalida necessariamente as previsões dos colapsistas de hoje. Em boa lógica, é verdade, não é porque o pai fundador do colapsismo estava mergulhado no delírio que Yves Cochet, Pablo Servigne, Aurélien Barrau ou Greta Thunberg fazem o mesmo hoje. No entanto, há um argumento simples, porém forte, que Descartes já apresentava em suas *Meditações* para justificar a necessidade da dúvida, a saber, que a todos nós já aconteceu, um dia ou outro, de termos certeza absoluta de que estávamos certos, a ponto de entrar em apostas, antes de sermos forçados a admitir que estávamos errados. É possível, portanto, se enganar mesmo estando absolutamente certo de estar correto, o que, segundo Descartes, constitui um excelente motivo para adotar um mínimo de ceticismo diante de convicções que o próprio Cochet reconhece serem subjetivas, psicológicas e não demonstradas.

Infelizmente, como as previsões apocalípticas são de um ponto de vista midiático sempre as mais espetaculares e, portanto, as mais lucrativas em termos de audiência, elas têm uma lamentável tendência a serem retomadas por personalidades famosas que nada conhecem do assunto, que contam qualquer coisa, mas cuja notoriedade tende, apesar de tudo, a tornar os argumentos mais ou menos críveis nas populações inocentes. Vejamos o caso emblemático de Fred Vargas [pseudônimo de Frédérique Audoin-Rouzeau], que defendeu com unhas e dentes Cesare Battisti, um assassino sádico que acabou confessando ter matado pessoas inocentes em nome da luta armada contra as democracias liberais. Ela anuncia *urbi et orbi*, em um livro que a cada página mergulha no catastrofismo, que vamos viver um aumento de temperatura de 5°C nos continentes. Ela alega seriamente que, com 1,5°C a mais até o fim do século, metade da humanidade morrerá por causa do aquecimento global, mas que com 2°C serão simplesmente 6 bilhões de infelizes mortais que perderão a vida, como se seus cálculos fossem científicos, demonstrados, como se a humanidade fosse incapaz da menor adaptação, como se já não existissem diferenças de quase 100°C entre a vida dos humanos nos polos e a da mesma espécie humana no sul do Sahel. Suas palavras irritaram até os melhores climatologistas. Jean Jouzel, ex-vice-presidente do IPCC, não exatamente um cético do clima, foi forçado a colocar as coisas de volta no lugar, especificando que "Vargas não podia absolutamente se apoiar no relatório do IPCC [sigla em inglês para o Painel Intergovernamental sobre Mudanças Climáticas] para falar de um aumento de 5°C nos continentes". Pergunta: por que dizer uma coisa qualquer, senão para nos incitar a aniquilar nossa civilização ocidental, a "mudar de rumo", como ela diz, mas para onde? Para o decrescimento, claro, isto é, para a miséria, o desemprego e o declínio irreversível do Ocidente em benefício da China.

Que fique claro: para os ecologistas partidários do crescimento verde, o ceticismo climático é absurdo e os problemas ambientais são bem reais. Simplesmente, temos ainda o direito de manter a calma, de não entrar de cabeça na demagogia juvenil, ou mesmo ousar hierarquizar os problemas? Em seu último livro, *Jouissez jeunesse!* [Deleite-se, juventude!], Laurent Alexandre, um cientista de ponta que, é preciso reconhecer, nunca poupa críticas aos fundamentalistas verdes, dá alguns exemplos particularmente suculentos de erros cometidos, e mesmo de mentiras deliberadamente propagadas no público em geral pelos catastrofistas evidentemente muito esclarecidos. Aqui estão algumas amostras que ilustram tristemente essas tentativas de desinformação que não têm outro propósito senão amedrontar as multidões para convencê-las a acabar com nossas democracias liberais.

Comecemos pelas inépcias amplamente divulgadas por Cyril Dion, um fundamentalista partidário do decrescimento que o presidente Macron estranhamente chamou de "fiador" da "convenção do clima". Laurent Alexandre lhe dá uma severa lição de medicina sobre a questão da malária, que nosso catastrofista destaca no contexto de uma reflexão alarmista sobre o aquecimento climático:

> Segundo esse renomado ecologista, o aumento da temperatura faria a malária chegar na França. Qualquer um que tenha lido um livro de história da medicina cai na gargalhada. A malária matou vários milhões de pessoas antes de ser erradicada pela ciência e pela química em 1972. Se não há malária na França, não é porque a temperatura é amena, mas porque nossos ancestrais lutaram contra ela durante séculos [...]. Não foi a baixa temperatura que erradicou a malária, mas sim o homem, pois essa natureza supostamente tão bondosa conosco, nós na verdade a combatemos desde sempre!

O exemplo da poluição das cidades é, como Laurent Alexandre novamente mostra apoiando-se em fatos e argumentos finalmente sérios, igualmente flagrante:

> Uma pesquisa do Ifop [Instituto Francês de Opinião Pública] mostra que 88% dos franceses acham que a poluição do ar está aumentando nas cidades, apenas 3% acreditam que está diminuin-

do. Emmanuel Macron declarou em 27 de novembro de 2018: "A cada dez minutos, um francês morre prematuramente por causa da poluição do ar e, em particular, das partículas resultantes da combustão de combustíveis fósseis. Esta hecatombe produz 48 mil mortes por ano, é mais do que todos os acidentes rodoviários, todos os suicídios, todos os assassinatos, todos os acidentes domésticos juntos". Mas esse número insano é pura mentira política.

E cabe a Laurent Alexandre, que, no entanto, se diz resolutamente "macroniano", demonstrar, com base em sólida documentação, que nossas cidades dos anos 1950-1960-1970 eram na realidade infinitamente mais poluídas que hoje, como prova, aliás, para quem conheceu a Paris dos anos 1960, o sinistro negrume dos prédios de pedra de cantaria da época:

> A partir da Idade Média, Paris, como as outras grandes cidades, era preta por causa do uso da madeira para aquecer e cozinhar. A partir do século XIV, as catedrais tornaram-se escuras. Com o aquecimento a carvão, a situação agravou-se no século XIX [...]. As partículas finas responsáveis pela fumaça escura caíram 80% desde 1950. A Airparif* admite que "desde os anos 1950, os níveis médios de fumaça escura foram divididos por quase vinte em Paris".

O exemplo de Londres é ainda mais contundente: em 1952, o "*Great Smog*" (Grande Nevoeiro) cobriu a cidade durante cinco longos dias em dezembro, matando 12 mil pessoas e deixando mais de 100 mil doentes. O *smog* se deve principalmente ao SO_2, um gás incolor muito tóxico, que se transforma em ácido sulfúrico ao entrar em contato com o vapor de água contido na neblina. Ora, como mostram, aqui também, as pesquisas da Airparif, se há colapso, é em relação às emissões de SO_2: 200 mcg/m^3 em 1960, 10 em 2000 e 0 em 2016. Embora a reforma já seja antiga,

---

* Na França, o controle da qualidade do ar é feito por associações independentes, as Associations Agréées de Surveillance de la qualité de l'Air (AASQA). A AASQA da região de Île-de-France, cuja capital é Paris, é a Airparif (N.T.).

> em 2020, as fachadas dos edifícios e das catedrais nunca estiveram tão claras. Se transportássemos os ecologistas parisienses de 2020 para 1950, eles ficariam estupefatos! Portanto, o ar em nossas cidades nunca foi tão puro, mas essa excelente notícia médica é escondida da população. É realmente um escândalo político, uma vez que para lutar contra a poluição atmosférica, que continua caindo, as pessoas estão dispostas a sacrificar o conforto moderno. Os ecologistas convenceram a opinião de que o progresso mata, enquanto a ciência e a tecnologia fizeram desaparecer a poluição.

E, de fato, esses excelentes resultados se devem à ação humana apoiada em tecnologias novas que permitiram reduzir as emissões industriais, os níveis de chumbo, de benzeno e de óxido de nitrogênio na atmosfera ou mesmo o teor de enxofre no óleo diesel. Esconder essas realidades é uma estratégia do medo, infelizmente eficaz, mas ainda assim mentirosa e portadora de efeitos perversos simplesmente desastrosos, pois credencia a ideia de que poderíamos prescindir da ciência e da tecnologia para melhorar, de que bastaria privar-se e voltar para trás.

Em uma entrevista concedida à revista *Point* em julho de 2020, Michael Shellenberger, cujo otimismo é marginal entre os militantes ecologistas, aponta com justeza para o fato de que seus colegas adeptos do decrescimento nunca se alegram com qualquer progresso que possa reduzir seu poder de alarmar as populações:

> Eles são muito cuidadosos em nunca bradar vitória, mesmo quando sua causa avança. Daí seu desconforto em relação à energia nuclear e, de forma mais geral, ao declínio das emissões de CO_2 nos países desenvolvidos desde várias décadas [...]. Se estimamos que as coisas não estão indo rápido o suficiente e queremos não apenas frear, mas inverter esse nível de emissões, então temos de fazer o que fizemos na França: construir usinas nucleares em todos os lugares! Mas isso seria terrível para todos os catastrofistas do mundo, pois não poderiam mais usar o meio ambiente para suas fantasias. Devo admitir que essa questão me

obceca há muito tempo: se temos medo das mudanças climáticas, por que recusar a solução da energia nuclear? Bem, porque isso resolveria o problema e eles simplesmente não querem resolver o problema!

Além disso, se a poluição era tão terrível quanto dizem os adeptos do decrescimento, se ela aumentou tanto quanto afirmam, como explicar que a expectativa de vida dos franceses (e esses números valem quase o mesmo em toda a Europa Ocidental) passou de 45 anos em 1900 para cerca de 82 hoje (79 para homens e 85 para mulheres)?

Outro exemplo recente dessas falaciosas constatações alarmistas: em relação aos incêndios ocorridos na Amazônia em 2019, os ecologistas, e com eles os políticos que estão fazendo de tudo para recuperá-los, falaram muita bobagem sobre o assunto. Durante o G7, Emmanuel Macron, que sabe que sem os votos dos verdes suas chances de reeleição seriam muito reduzidas, postou o seguinte tuíte: "Nossa casa está pegando fogo, literalmente. A Amazônia, o pulmão de nosso planeta, que produz 20% de nosso oxigênio, está pegando fogo". Em suma, é por um triz que, por causa do aquecimento climático que provoca esses incêndios, não vamos morrer não apenas grelhados, mas asfixiados. No entanto, essa constatação é falsa, como mostra novamente Laurent Alexandre, apoiando-se nas únicas fontes confiáveis existentes. Sua declaração merece ser ouvida, pois diz muito sobre a exploração do medo por meio de falsas constatações. Volto a salientar que Laurent Alexandre é também um fervoroso apoiador do presidente Macron, em quem votou e voltará a votar, o que não o impede de chamá-lo à ordem e ao bom senso nestes termos particularmente incisivos:

> A histeria de Macron em relação à Amazônia e seu acúmulo de inverdades proclamadas fazem o público temer que o mundo fique sem oxigênio se o desmatamento seguir seu curso no Brasil. Na verdade, a Amazônia não é de forma alguma o pulmão da Terra e produz uma parte absolutamente mínima do oxigênio terrestre. Em média, ela não está queimando mais que nestes últimos

> vinte anos. De acordo com a Globalfiredata.org, 2019 está muito atrás de 2003, 2004, 2005, 2007 e 2010. Em 2005, houve mais de 250 mil incêndios florestais no final de agosto, o dobro dos números de 2019 [...]. Dados da NASA provam que os incêndios são cada vez menos frequentes em todo o mundo. Além disso, a África subsaariana queima muito mais que a Amazônia por causa da prática das queimadas. Segundo a Agência espacial europeia, 70% dos incêndios no mundo se concentram nessa região!

onde os incêndios, que produzem 25% das emissões globais de gases de efeito estufa, são causados deliberadamente pelo homem e não pelo aquecimento climático.

Conclusão de Laurent Alexandre: "O discurso sobre a Amazônia é, portanto, puramente político. Os acenos ecológicos do presidente Macron apenas começaram: esse é o custo de sua vitória em 2022".

Poderíamos multiplicar os exemplos desse tipo de desinformação voluntária sobre a reflorestação da Europa (mas os colapsistas a chamariam monocultura) ou o retorno de certos elementos da biodiversidade com a reintrodução de lobos, ursos, linces ou a proliferação de baleias nos oceanos novamente, mas, aqui também, haveria de qualquer maneira objeções. Ninguém aqui nega o aquecimento climático, muito menos Laurent Alexandre, que pelo contrário nunca deixa de soar o alarme a esse respeito, mas certamente não é invocando verdades "únicas e universalmente partilhadas" que iremos adotar uma atitude verdadeiramente científica, uma vez que a ciência nunca é capaz de abandonar totalmente um mínimo de debate e de dúvida metódica, sobretudo quando se trata de previsões ao mesmo tempo globais e no prazo de um século que se baseiam em uma infinidade de parâmetros mais ou menos móveis.

6. Salvar o planeta ou destruir o Ocidente?

Acabamos de viver, com a crise sanitária (mas nada ecológica, no entanto) do coronavírus, uma experiência de decrescimento em escala real: uma produção quase paralisada, o trabalho e o consumo reduzidos, uma recessão que gerou um aumento vertiginoso da dívida, das falências de empresas e do desemprego, enfim, da miséria humana. Aqueles que vendem o decrescimento como um projeto simpático de regresso à "verdadeira vida" estão zombando do mundo. Vejamos o caso das empresas de aviação, que estão na mira dos adeptos do decrescimento: por toda parte anunciam reduções dos efetivos – 8 mil empregos cortados só na Air France, o que não impede que os fundamentalistas aplaudam a paralisação do tráfego aéreo, como se permanecessem surdos ao conflito que sua concepção de ecologia engendraria inevitavelmente entre os imperativos ambientais e os imperativos sociais. Os fundamentalistas verdes, herdeiros repaginados do comunismo, ainda assim se alegraram em alto e bom som com esta "trégua concedida ao planeta", ou mesmo, como ousou escrever Antoine Buéno, um "ensaísta partidário do decrescimento", no *L'Express* de 14 de março: "o coronavírus é uma benção para o planeta, porque, quando os homens sofrem, o planeta respira". Acredite se quiser!

Os alemães há muito inventaram uma palavra para designar o fato de se alegrar sem se vergonhar com o infortúnio que atinge o pobre mundo, desde que ele puna os humanos e ainda prove que você estava certo, à maneira do "Eu bem que avisei!": *Schadenfreude*, alegria diante dos "danos", das calamidades mesmo as mais fatais, desde que se cale a boca daqueles que pensavam ter o direito de aproveitar a vida. A economia viverá, sem dúvida, a pior crise de sua história desde os anos 1920. As empresas, em particular as micro, as pequenas e médias empresas forçadas a fechar por semanas ou mesmo meses, não vão se recuperar, mas para os ecologistas radicais, que querem sobretudo aniquilar o produtivismo, muito bem feito para elas! Eles esfregam as mãos. Finalmente boas notícias! Segundo os argumentos de Buéno, o período atual é admirável na medida em que demonstra, como se isso ainda fosse necessário, que "só o decrescimento é sustentável", as noções de "crescimento verde" e de "desenvolvimento sustentável" sendo apenas imposturas. Como me disse Yves Cochet em um texto que já citamos: "Só um evento duro, que causaria muitas mortes, pode produzir um verdadeiro choque psicológico como o fez o nazismo em 39-40". Certamente, Cochet, que não é um homem mau, não deseja a catástrofe como tal e em si mesma, mas clama por ela na medida em que só o mal poderá engendrar o bem, esse famoso "choque psicológico" necessário, segundo ele, para a organização maciça de uma política de decrescimento que finalmente destruirá o capitalismo.

Mas é justamente isso que, segundo Buéno, começa a tomar forma hoje com essa tão benéfica crise sanitária, benéfica porque finalmente está obrigando nosso governo a caminhar na direção certa, a do crescimento zero e do fim do capitalismo. E cabe a Buéno expressar desavergonhadamente sua alegria pura e ingênua diante das primícias do tão esperado colapso: "Ao parar a economia, ao fechar todas as lojas para evitar um drama sanitário, Emmanuel Macron finalmente conseguiu sua conversão ambiental. Pena que seja sem querer!". Do ponto de vista dos defensores do decrescimento, o raciocínio é coerente. Tem pelo menos o mérito de pôr em evidência o verdadeiro tema, de lançar uma luz dura sobre a querela que se aproxima e que finalmente toma sua forma decisiva: ela vai opor cada vez mais aqueles que pensam que só o decrescimento é sustentável e aqueles que, ao contrário, pensam que ele seria catastrófico em todos os aspectos, inclusive e até especialmente no plano ecológico. Por quê? Simplesmente porque só a inovação poderá "salvar o planeta", já que não impediremos que os povos queiram se desenvolver, e já que sem uma sociedade competitiva e de mercado nunca houve e nunca haverá inovação. Como bem mostraram Marx e Schumpeter, não há inovação sem capitalismo – é por isso que os partidários do decrescimento são hostis a ambos. Daí a recusa do 5G ou a defesa das *low-tech*.

No mais, é em nossas sociedades, e em nenhum outro lugar, que a ecologia nasceu ao mesmo tempo que a lógica de inovação capitalista, embora em reação a ela. Foi nelas que ela se estruturou em movimentos políticos, sendo o capitalismo o único sistema que aceita, e até suscita, sua própria crítica. Sem capitalismo não haveria libertação dos escravos (veja como a escravidão sobrevive em muitas sociedades tradicionais, particularmente na África, onde os mercadores de seres humanos continuam tranquilamente seu tráfico), nem direitos das mulheres (veja sua condição nas teocracias, bem como nas tribos que Lévi-Strauss chamava estranhamente "selvagens"), nenhuma proteção aos animais (veja o triste destino deles na China ou mesmo na Índia quando não são sagrados), nem sistemas de saúde modernos nem essa preocupação com o meio ambiente que é uma de suas condições.

É aliás na Alemanha, o país mais rico, mais moderno e industrializado da Europa, que a ecologia política prospera mais tranquilamente. Então aqueles que armam ideologias revolucionárias contra as sociedades que lhes permitem florescer deveriam refletir sobre as próprias condições de sua existência. Além do fato de que hoje seria impossível alimentar a humanidade sem uma agricultura industrial intensiva e de que um fanatismo do consumo local privaria os habitantes de muitas cidades de peixe, café, chá, vinho, arroz, frutas cítricas ou chocolate, voltar "aos bons velhos tempos" seria desastroso em termos de liberdade e de poder de compra, o que os adeptos do decrescimento mais intelectualmente honestos são obrigados a reconhecer.

7. *Uma tecnofobia e um retorno às* low-tech *que marcariam a morte da civilização europeia ao dar lugar a novos entrantes, em particular à China*

Muitos ecologistas hoje exaltam os méritos de um retorno ao que eles chamam *low-tech*, em oposição à *high-tech*, que caracteriza as tecnologias modernas, em particular o digital, a robótica e a inteligência artificial. Os produtos *low-tech* (voltar a fabricar carros com 2 CV [cavalos-vapor], voltar ao moedor de café de manivela, ao cortador de grama mecânico, ao arado puxado por boi, à lamparina a óleo etc.) teriam, segundo eles, muitas virtudes no plano ambiental, mas também humano. Primeiro, porque os objetos de "baixa tecnologia" são simples, facilmente reparáveis, práticos, econômicos e infinitamente mais fáceis de reciclar que os *high-tech*, cujos componentes muitas vezes são impossíveis de separar. Devemos acrescentar que, em geral, eles também consomem menos energia. Mas há mais: a *low-tech* traria de volta a localização da produção, e, portanto, do emprego não deslocalizável, o que então permitiria colocar o homem e seu saber-fazer novamente no centro das atividades econômicas. Lendo essas linhas, tenho certeza de que muitos leitores acharão esta uma excelente ideia.

Sem dúvida, mas com a condição de usá-la com muita moderação. Pois, em várias áreas, um retorno maciço à *low-tech* seria simplesmente mortal, no sentido literal do termo, e não no figurado. A começar pela medicina, em que as *low-tech* significariam uma sentença de morte para dezenas, até centenas de milhões de pessoas que hoje se beneficiam das tecnologias modernas. Sem mais *scanners* ou ressonâncias magnéticas, é claro, mas sem mais imunoterapias, cirurgia robótica, *lasers*, leitos de reanimação, sequenciamento do genoma, apendicectomias, antibióticos, antivirais ou mesmo muito simplesmente sem água corrente ou eletricidade, como ainda acontecia na maioria das grandes cidades, incluindo Nova York, até o final do século XIX.

Mas o campo da medicina não seria o único afetado de forma calamitosa. Seriam também aniquilados os benefícios incomparáveis da revolução verde, uma revolução que, no entanto, tornou possível alimentar a humanidade e erradicar a fome, pelo menos aquelas que não são causadas ou mesmo organizadas por ditaduras políticas. No campo dos transportes, como escreve Jean-Marc Jancovici em seu Shift Project, seria necessário, a fim de dividir por três o consumo de nossos carros, decidir-se a "voltar a fabricar carros com 2 CV". Por que dois cavalos? Por que não, já que vamos mudar, um único cavalo, se possível de quatro patas, um bom e velho cavalo de tiro, como recomenda Yves Cochet? Sylvie Brunel, em seu excelente "Que sais-je?", dedicado ao desenvolvimento sustentável, duvida de que esse retorno aos tempos antigos seria benéfico: "Nossos ancestrais suportaram um mundo baseado no trabalho humano, nas dificuldades, no medo da escuridão, no frio, nas colheitas aleatórias, na insegurança e nas guerras. Como podemos lamentar o passado?". No entanto, é isso que nos oferecem os defensores da *low-tech*, sem se disporem a medir nem o custo nem os riscos no plano intelectual. É provável, com efeito, que um mundo privado das luzes do progresso científico volte a empurrar a humanidade para o animismo e a superstição. Será que esquecemos que nos tempos em que a ciência e a tecnologia modernas não impulsionavam o mundo capitalista, entre 60 mil e 100 mil "bruxas" foram queimadas na Alemanha e na França? Quem nos garante que na ausência de pesquisas científicas e inovações técnicas, das quais querem nos livrar a todo custo os ecologistas favoráveis ao decrescimento, não estaríamos condenados a uma nova era de obscurantismo?

O que está claro, para dizer o mínimo, é que, ao dar um tiro no próprio pé, os europeus apenas acentuariam o declínio de sua civilização. Tratando-se precisamente das *high-tech*, do digital e da inteligência artificial, que formam o coração da terceira Revolução Industrial, já nos tornamos meros subcontratantes da China e dos Estados Unidos, para não dizer uma colônia. Renunciar ao nosso lugar nessa competição global para retornar à *low-tech* apenas ofereceria uma larga estrada para a expansão descontrolada e incontrolável de nações sobre as quais duvido que a instauração do decrescimento na França vá abalar nem o poder econômico, nem o poder tecnológico, nem *a fortiori* o gosto pela inovação e pelo produtivismo.

8. Grosseiras tentativas de recuperação

Sobre a crise do coronavírus, Nicolas Hulot declarou no *Le Monde* que se tratava de "um ultimato que nos foi enviado pela natureza". Seria preciso lembrar, no entanto, que a Covid-19 é perfeitamente natural, que não foram, como ele afirma, "nossos estilos de vida modernos" que causaram a pandemia, mas sim costumes ancestrais e locais, preservados aliás por um sistema comunista tudo menos liberal? Afirmar seriamente que a crise da Covid-19 é uma amostra do que nos espera daqui a dez anos é simplesmente ridículo. Em primeiro lugar porque essa crise não está ligada à globalização liberal nem às indústrias humanas, como afirmou no *Le Monde* de 29 de abril de 2020 Marc Fontecave, professor do Collège de France na cadeira de química, que protestou contra a piada ridícula de Hulot: "A recuperação puramente ideológica que consiste em acusar o homem desse drama sanitário quando, ao contrário, temos aí uma nova ilustração da violência da natureza em relação ao homem é verdadeiramente espantosa!". Lembremos que a Covid-19, por mais desastrosa que seja, não causou muito mais mortes que a gripe de Hong Kong de 1968-1969, em relação à população da época, em tempos em que não se falava de globalização liberal. Qualquer um que tenha visitado um mercado chinês fica pasmo ao ver cães, gatinhos e pintinhos esfolados vivos, animais amontoados em gaiolas insalubres aguardando uma morte muitas vezes atroz. Circula na internet um vídeo no qual vemos um grupo de homens comendo ratinhos vivos. Os infelizes se debatem em um molho escuro e os convidados os mastigam vorazmente, ainda bem vivos, depois de os terem embebido no molho. É claro que essas práticas são tão pouco "nossas" que deveriam despertar uma onda de indignação em nossos países democrático-liberais. Na verdade, as viagens, que existem há séculos, na pior das hipóteses apenas aceleram a propagação de doenças. Denunciar "as falhas e os excessos" da humanidade "globalizada" é, portanto, uma questão de sofismas recuperadores e de amálgamas apocalípticos que só servem para assustar criancinhas.

9. As paixões tristes formam o pano de fundo ético e espiritual da ecologia punitiva

Ao contrário do que afirmam os teóricos do decrescimento, a escolha não é entre durar ou não durar, mas, parodiando Voltaire ao zombar Rousseau, entre durar de quatro patas ou durar sobre duas pernas. A ecologia do decrescimento está, com efeito, repleta de paixões tristes, de um sinistro entusiasmo pelo castigo imposto de forma autoritária, se possível por leis liberticidas, àqueles que pensam que podem continuar a viver em um mundo de crescimento e de perfectibilidade infinita. Os adeptos do decrescimento adoram nos administrar pequenas frases como "Todos nós teremos de passar por isso!", "Pois é, a ciência não é engraçada, é até mesmo dura, mas é assim!", pronunciadas com aquele escárnio sinistro do burocrata que segura o chicote – como se a ciência fosse substituir a política, como se não houvesse outra opção possível senão o decrescimento e o retrocesso, como se fosse preciso nos proibir a todo o custo de refletir sobre o que poderíamos fazer de diferente ou de outra forma, tão saboroso é o prazer de infligir uma pena a quem pretendesse ultrapassar os limites estabelecidos por uma ciência dogmática. Para os adeptos do decrescimento, como no passado para os defensores da ciência da História, sempre há apenas um caminho possível, e se você o questionar é porque, como diz Aurélien Barrau, você é "descerebrado", ou seja: seu lugar é o hospital psiquiátrico.

Mas a história do próximo século não está escrita, temos petróleo para ao menos mais um século, gás e carvão para vários séculos, e o aquecimento climático pode ser minimizado pelo uso da energia nuclear até encontrarmos outras soluções que impeçam drasticamente um decrescimento de todo modo impossível de implementar democraticamente. Se há pelo menos uma coisa que a crise da Covid-19 nos mostrou com certeza é que a política não é nem uma ciência nem uma atividade necessariamente sujeita aos ditames de especialistas autoproclamados que não pararam de contradizer uns aos outros, antes de se insultarem copiosamente. Na União Soviética, quem não aderisse ao programa científico e racional liderado pelo "Guia genial" era considerado louco. É a mesma coisa aqui: o ser humano imoderado é visto como bêbado, como um adicto do progresso, do crescimento, das viagens distantes, da liberdade de circular, de consumir: ele deve, portanto, ser colocado com urgência, e à força se necessário, na reabilitação, pois o ecologista partidário do decrescimento está certo, ele conhece o passado, o presente e o futuro, pode demonstrar cientificamente que só existe uma única solução e que é preciso impô-la a partir de agora.

A verdade é que sempre temos escolhas e arbitragens a fazer, por exemplo, mesmo que isso signifique horrorizar os defensores do decrescimento, a de aceitar no momento uma certa dose de aquecimento climático pelo tempo que for necessário à implementação de novas energias, minimizando tanto quanto possível a amplitude e os inconvenientes desse aquecimento, mas às vezes também aproveitando suas vantagens, apontadas por alguns membros do IPCC (mas aqui novamente os adeptos do decrescimento têm o cuidado de não mencioná-las), para, simplesmente, não destruir sem pensar duas vezes uma civilização do progresso e da perfectibilidade, à qual não podemos renunciar sem renunciar ao que há de melhor no ser humano e ao que há de mais essencial à sua humanidade. Lamento voltar a isso, mas nem todo mundo quer necessariamente se retirar, como Yves Cochet, para o interior profundo a fim de esperar a morte e o fim do mundo na companhia de um velho cavalo. Nem todo mundo quer também abrir mão das viagens de avião ou da incomparável liberdade de se deslocar de carro. Nem todo mundo quer deixar seus pais idosos morrerem depois dos 65 anos porque estão doentes e porque, para reduzir a população mundial, nos recusamos a tratá-los.

Na União Soviética, na época da Queda do Muro de Berlim, circulava uma piada entre os partidários da Perestroika. Eles afirmavam jocosamente que a seguinte questão havia sido formulada no concurso da academia de metafísica materialista de Moscou: "Existe uma vida antes da morte?". Essa é a pergunta que gostaríamos de fazer a nossos adeptos do decrescimento. Quando olhamos atentamente para a existência que eles nos oferecem a fim de que possamos sobreviver, nos perguntamos, com efeito, se o ideal de sobrevivência deles vale a pena. Ninguém pode desejar seriamente, exceto o homem das paixões tristes, criar um universo onde "todos terão de sofrer", um universo onde os líderes das "biorregiões" logo terão apenas uma ideia em mente: punir esses malvados homenzinhos arrogantes que quiseram desafiar as leis da natureza, esses prometeicos cruéis em que nos tornamos e que agora vamos colocar em seu devido lugar sem muita delicadeza, à força, é claro...

10. Um mundo inumano, sustentado por um naturalismo que nega as liberdades, a historicidade e o pensamento alargado

A "convenção do clima", criada por Emmanuel Macron e por ele colocada sob a égide de partidários do decrescimento como Cyril Dion, propõe submeter a um referendo a adoção por lei de um "crime de ecocídio", projeto que diz muito sobre o pano de fundo autoritário, para não dizer totalitário, das ideologias fundamentalistas.

Se o Legislativo fosse louco ou demagogo o suficiente para aceitar esse ataque às liberdades, este abriria a porta para todos os tipos de abuso. O que agora pode ser considerado um crime de ecocídio: pegar o avião em vez do trem para ir a Bordeaux? Dirigir uma Ferrari? Mas por que não, o que já seria mais grave, fechar centrais nucleares ainda em bom estado como a de Fessenheim, centrais que, no entanto, não emitem gases de efeito estufa e que são o único meio de fornecer energia sem contribuir para o aquecimento climático? Substituí-las por turbinas eólicas recheadas de terras-raras cuja extração é altamente poluente pode ser considerado um crime contra os ecossistemas? Até Jancovici, no entanto defensor do decrescimento, reconheceu em 2018 que multiplicar as turbinas eólicas e fechar Fessenheim era um absurdo, se não um crime contra o clima.

É preciso reduzir o expansionismo humano e interromper o crescimento, clamam nossos fundamentalistas! Se quisermos ser totalmente coerentes, o ideal seria o desaparecimento da espécie humana ou, no mínimo, sua redução drástica. Sob o amor da natureza, é de fato o ódio aos homens que se dissimula e, na verdade, muito mal. Como escreve William McDonough, um ambientalista partidário do ecomodernismo e da economia circular, portanto hostil ao decrescimento, "afirmar, como Al Gore, que o meio ambiente estará melhor no dia em que regularmos a população, seria como dizer a uma criança olhando-a diretamente nos olhos: 'Seria muito melhor se você não tivesse nascido!'" – o que, como vimos, era de fato a tese de Paul Ehrlich, um homem que queria simplesmente esterilizar as populações em nome do decrescimento, como vimos alguns proporem, pelas mesmas razões, não mais tratar as pessoas idosas com mais de 65 anos quando estão muito doentes. O ideal seria então alcançar o objetivo de zero emissão, zero consumo, zero crescimento, zero crianças, zero viagens, zero carros, zero *high-tech*.

Mas isso não é tudo. Quando Serge Latouche, como vimos, rejeita os "desejos artificiais" e só considera legítimas as "necessidades reconhecidas", logo nos perguntamos: reconhecidas por quem? Por Serge Latouche e seu bando de zadistas partidários do decrescimento? E se alguém gosta dos artifícios, se os prefere até à natureza, será enviado para o *gulag*, condenado a uma saudável reeducação pelos trabalhos forçados nos arrozais? E não me digam que estou exagerando, que estou caricaturando, pois na minha geração, sim, vivemos esse tipo de coisa, em particular na China de Mao, que a maioria dos meus camaradas ainda defendia nos anos 1970 antes de se tornarem ecologistas para continuar a luta contra o capitalismo... O problema com esse naturalismo dogmático é que o que caracteriza o homem não é necessariamente "natural", nem atrelado ao local e às "biorregiões", é que ele se situa naquilo que Kant chamou de "pensamento alargado" e nessa liberdade infinita que é sua condição.

Em oposição a esse espírito "limitado" que o localismo e a própria ideia de "biorregião" encarnam maravilhosamente, o pensamento alargado poderia ser definido como aquele que consegue se descolar de si mesmo e de seu pequeno mundo local para se "colocar no lugar do outro", não só para compreendê-lo melhor, mas também para tentar, em um movimento de retorno a si mesmo, contemplar seus próprios julgamentos do ponto de vista que poderia ser o dos outros, de todos os outros. É isso que a autorreflexão exige: para se tornar consciente de si mesmo, é preciso estar de alguma forma *distante de si mesmo*. Ali onde a mente limitada permanece presa em seu pedacinho de chão, em sua comunidade de origem a ponto de julgar que ela é a única possível e, portanto, a única boa, a mente alargada tenta, colocando-se tanto quanto possível a partir do ponto de vista dos outros, contemplar o mundo como um espectador interessado e benevolente. Aceitando descentrar sua perspectiva inicial, arrancar-se do círculo limitado do egocentrismo e do próximo, ele pode penetrar nos costumes e nos valores distantes dos seus, para então, voltando a si mesmo, tomar consciência de si de uma maneira distanciada, menos dogmática, e assim enriquecer seus próprios pontos de vista.

É também desse modo que a noção de "pensamento alargado" é inseparável dessa "perfectibilidade" que, segundo Kant, como também para Rousseau, caracteriza o humano, em oposição ao animal. Com efeito, ambos pressupõem a ideia de liberdade entendida como capacidade de se arrancar da natureza, bem como de sua condição particular, para aceder a uma universalidade maior a fim de entrar em uma história individual ou coletiva – a da educação, por um lado, da cultura e da política, por outro – ao longo da qual ocorre o que se poderia chamar "humanização" do humano. Ora, é também esse processo de humanização que dá todo o sentido às nossas vidas e que, na acepção quase teológica do termo, a "justifica" na perspectiva de um humanismo universalista.

Em meu livro *Qu'est-ce qu'une vie réussie?* [O que é uma vida bem-sucedida?], eu já havia citado sobre esse assunto o discurso proferido, por ocasião da entrega do Prêmio Nobel de literatura, em dezembro de 2001, pelo grande escritor anglo-indiano V. S. Naipaul. Com efeito, parece-me uma descrição perfeita dessa experiência de pensamento alargado, desse arrancar-se do local, cujos benefícios se fazem sentir não só na escrita de um romance, porém mais profundamente na conduta de uma vida humana, desde que, pelo menos, ela não se limite a uma "biorregião". Permita-me, não sendo megalomaníaco a ponto de pensar que todos os meus leitores leram meus livros anteriores, voltar a ele aqui por um momento. Nesse texto, Naipaul narra sua infância na ilha de Trinidad e evoca, em termos sobre os quais vale a pena nos determos, as limitações inerentes a essa vida das pequenas comunidades fechadas em si mesmas e recolhidas em suas particularidades:

> Nós, indianos, imigrantes da Índia, levávamos essencialmente vidas ritualizadas e ainda não éramos capazes da autoavaliação necessária para começar a aprender [...]. Em Trinidad, onde, recém-chegados, formávamos uma comunidade desfavorecida, essa ideia de exclusão era uma espécie de proteção que nos permitia, mas apenas por um momento, viver à nossa maneira e de acordo com nossas próprias regras, viver em nossa própria Índia que ia se apagando. Daí um extraordinário egocentrismo. Nós olhávamos para dentro; cumpríamos nossos dias; o mundo exterior existia em uma espécie de obscuridade; não nos questionávamos sobre nada.

E Naipaul explica como, uma vez que se tornou escritor, "essas zonas de trevas" que o cercavam quando criança – basicamente: tudo o que estava mais ou menos presente na ilha, mas que o recolhimento em si mesmo impedia de ver: os aborígenes, o Novo Mundo, o universo muçulmano, a África, a Inglaterra e até a Índia... – tornaram-se os assuntos preferidos que lhe permitiram, mas com algum distanciamento, escrever um dia um livro sobre sua ilha natal.

O que ele quer dizer é que todo seu itinerário de homem e de escritor – os dois são aqui inseparáveis – consistiu em alargar o horizonte ao fazer um gigantesco esforço de "descentramento", de se arrancar de si mesmo para conseguir se apropriar das famosas "zonas de sombra". Depois ele acrescenta isto, que talvez seja o essencial:

> Mas quando esse livro ficou pronto, senti como se tivesse extraído tudo o que podia de minha ilha. Por mais que refletisse, nenhuma outra história me ocorria. O acaso veio então me socorrer. Tornei-me um viajante. Viajei para as Antilhas e compreendi muito melhor o mecanismo colonial do qual fiz parte. Fui para a Índia, a pátria de meus ancestrais, por um ano; essa viagem partiu minha vida ao meio. Os livros que escrevi sobre essas duas viagens me levaram para novas áreas de emoção, me deram uma visão do mundo que eu jamais tivera, me alargaram tecnicamente.

Nenhuma negação aqui, nem renúncia às particularidades de origem. Apenas um distanciamento, um "alargamento" (e é significativo que Naipaul utilize o mesmo termo de Kant) que permite apreendê-los com base em outra perspectiva, menos imersa, menos local, menos egocêntrica – pelo que a obra de Naipaul, longe de permanecer, como o artesanato local, no registro único do folclore, conseguiu ascender à categoria de "literatura mundial", uma literatura que não está mais reservada ao público dos "nativos" de Trinidad, nem mesmo ao dos antigos colonizados, porque o itinerário que ela descreve não é apenas particular, nem natural, mas espiritual: tem um significado humano universal que, para além da singularidade da trajetória, pode tocar e fazer refletir todos os seres humanos. No fundo, o ideal literário, mas também existencial, que

Naipaul aqui desenha significa que devemos nos arrancar desse egocentrismo das biorregiões no qual os adeptos do decrescimento sonham em nos fixar.

Realizações reformistas realistas, certamente úteis, mas estruturalmente insuficientes

Em sua edição de 18 de junho de 2020, a revista *Challenges* procurou dar um apanhado do que ela chama "ecologia que funciona", ou seja, um apanhado das medidas efetivamente implementadas pelo ambientalismo reformista em termos de crescimento verde e de desenvolvimento sustentável nos diversos países do planeta. E, de fato, essa corrente "responsável", não revolucionária e não partidária do decrescimento, pode tirar partido de uma série de disposições significativas a favor do meio ambiente e em particular da luta contra o aquecimento climático: uma taxa de carbono eficaz na Suécia, que engajou a prefeitura de Estocolmo na integração das ciclovias ao plano urbano, bem como na montagem de uma rede de ônibus capaz de rodar com etanol e biogás; na Suíça, foram instaladas autoestradas ferroviárias para transportar caminhões e evitar que eles cruzem o país desnecessariamente, de modo que a ferrovia absorve sozinha 70% do tráfego de mercadorias transitando pelos Alpes; a Califórnia, por sua vez, optou por investir em carros a hidrogênio a fim de descarbonizar seu setor de transporte, 8 mil carros prefigurando o que poderia ser uma frota de automóveis do futuro; quanto aos Países Baixos, eles apostaram no carro elétrico, os táxis ali são sobretudo Tesla, e já se venderam nada menos que 60 mil veículos elétricos no país – o diretor da Total Países Baixos prevê 2 milhões de carros elétricos até 2030 –; a Alemanha, que sem suas centrais a carvão seria o melhor Estado europeu nessa área, pode orgulhar-se de ter a taxa de reciclagem mais elevada do mundo, já que recicla, graças em particular à triagem, nada menos que 66% do seus "resíduos"; em Quebec, privilegiam-se os edifícios de madeira com "emissão zero", com a construção de madeira aumentando de 15% para 28% em dez anos; Portugal fixa suas turbinas eólicas a vinte quilômetros da costa para evitar a poluição sonora e visual, enquanto o Marrocos instala em Ouarzazate a maior central solar do mundo. Até mesmo a China está fazendo isso, recriando artificialmente uma floresta de 84 mil quilômetros quadrados, e a área florestada do país, que era de apenas 12% em 2003, se aproxima agora de 20%...

Poderíamos multiplicar ao infinito essas conquistas, que até os defensores do decrescimento devem reconhecer que estão indo na direção certa, apesar de tudo. Então, o que lhes recriminam? Não apenas serem insuficiente, mas também darem a ilusão "estrutural" de que o sistema capitalista/produtivista vai conseguir se safar com artifícios que no fundo não passam de remendos, quando é preciso, como dizia Susan George, "dar meia-volta". Para os adeptos do decrescimento, e *a fortiori* para os colapsistas, trata-se simplesmente uma impostura destinada a manter os sistemas maléficos pelo maior tempo possível por meio do *greenwashing*. Há que se notar que não se trata de críticas vindas de antiecologistas, mas sim, ouso dizer, de "superecologistas" – uma observação que não é anedótica, pois mostra quão significativas são as tensões e as fraturas que perpassam os movimentos ecologistas hoje.

Como Yves Cochet escreve significativamente em seu livro *Devant l'effondrement*:

> Na ausência de um evento monstruoso, não pode haver um consenso rápido e coerente sobre questões complexas e controversas como a redução da pegada ecológica. O acordo de Paris de 2015 demonstrou isso mais uma vez: há sim um consenso, mas sobre medidas que são demasiado fracas e demasiado lentas para evitar a catástrofe [...]. Os partidos ecologistas e seus responsáveis não parecem ter revisado seus fundamentos nem sua estratégia. Colados às notícias, obcecados pela rivalidade por lugares – como nos outros partidos, em suma –, quase todos os animadores verdes se limitam a recitar os clichês tranquilizadores do desenvolvimento sustentável hoje rebatizado de "Green New Deal" ou de "transição ecológica". O reformismo perseverante e o continuísmo histórico são o método e o pensamento dominantes nos partidos

> ecologistas [...]. A recepção bastante favorável pela EELV* da lei "relativa à transição energética e ao crescimento verde" promulgada em 2015 é um bom exemplo dessa postura política moderada e irrealista, cega às contradições redibitórias desse texto [...]. Ao contrário de meus camaradas de partido, há quinze anos aspiro a uma refundação ideológica catastrofista da ecologia no quadro do Antropoceno.

Na mesma linha, quando um jornalista do *Le Monde* perguntou a Philippe Descola (em maio de 2020), também um partidário do decrescimento, o que "seria possível e importante mudar o mais rápido possível?", Descola respondeu com o mesmo pessimismo de Cochet:

> Sempre podemos sonhar! Assim a granel: desenvolvimento das convenções cidadãs por sorteio, imposto ecológico universal proporcional à pegada de carbono, taxação dos custos ecológicos de produção e de transportes de bens e serviços, desenvolvimento da atribuição de personalidade jurídica aos meios de vida.

É uma resposta que traduz ao mesmo tempo tanto a falta de imaginação como os impasses da ecologia negativa: ao usar a fórmula "sempre podemos sonhar...", Descola trai a essência de seu pensamento, a saber, que "isso não vai acontecer", que é apenas um sonho maluco cuja realização é mais que improvável, o que aliás é evidente porque, e este é o segundo aspecto de seu projeto, seu sonho é um pesadelo desprovido do menor traço de inovação intelectual, econômica e social.

Em suma, sem inovar, envolvemo-nos na confortável atitude da *vox clamantis in deserto*, deslizamos delicadamente para nosso interior agradavelmente desesperado e pessimista, publicando de vez em quando em tom apocalíptico admoestações que sabemos de antemão que não serão levadas em conta, o que, é claro, possibili-

* Em 2009, depois de uma mudança de estatuto, os *verts* (verdes), partido ecologista francês, se tornaram Europe Écologie Les Verts (N.T.).

tará a publicação de outras, mais pessimistas, desoladas e desoladoras ainda, *ad vitam aeternam*... O conforto intelectual ligado ao pessimismo não precisa mais ser demonstrado, tanto mais porque garante um lugar privilegiado na boa sociedade das letras e dos meios de comunicação. Dado que é preciso continuar sustentando e alimentando os (brevemente) 8 bilhões de seres humanos que habitam o planeta, Descola tem razão em um certo sentido: seu discurso combinado, que repete palavra por palavra o de todos os *fundi*, não tem chance alguma de ser ouvido pelos tomadores de decisão políticos ou empresariais, exceto de tempos em tempos, de maneira marginal e pontual, sobre o modo desse crescimento verde que, afinal, é apenas um decrescimento suave. Como tal, desagrada a todos, aos que ela pune, como os Coletes Amarelos, e aos que, como os adeptos do decrescimento, ela exaspera por sua falta de radicalidade.

Como veremos agora, para os ecomodernistas, é hora de ir além, de sair da antinomia decrescimento/crescimento verde. Não se trata de ser menos nocivo, de poluir menos, mas de ser excelente, pois poluir menos ainda é poluir, e o único objetivo válido é não poluir mais, o que supõe integrar ao mesmo tempo a lógica da dissociação e a da economia circular, mas também renunciar à miragem das energias renováveis (exceto a solar) e investir finalmente todos os nossos esforços nas novas tecnologias *high-tech*, em particular na fusão nuclear e nas centrais atômicas das próximas gerações, que são as únicas que nos permitirão abandonar os combustíveis fósseis. É, pois, de certa forma "à defesa", aos partidários de uma ecologia do crescimento e de um ambientalismo não punitivo que daremos agora a palavra.

PARTE 2

INOVAR! CRESCIMENTO INFINITO, POLUIÇÃO ZERO

O GRANDE PROPÓSITO ECOMODERNISTA

CAPÍTULO 4

Os ecomodernistas *A dissociação e a hipertecnologia salvarão o planeta*

Os reformistas partidários do crescimento verde e do desenvolvimento sustentável querem, como vimos no capítulo anterior, corrigir os efeitos perversos do capitalismo e do produtivismo sem renunciar, no entanto, à economia de mercado. No plano político, são finalmente os centristas que oscilam entre um liberalismo de centro-direita e um liberalismo de centro-esquerda, "ideologias *soft*" que reivindicam o bom senso e não propõem nada de muito extraordinário. Elas podem cair nas graças tanto do Medef* como dos republicanos, bem como da ala direita do Partido Socialista, até mesmo da franja pró-europeia e social-democrata do partido Europe Écologie Les Verts (EELV). Os radicais encontram-se então em situação favorável para lhes opor, como sempre fizeram contra os *realo*, que é preciso mudar de rumo, que sua visão do meio ambiente simplesmente não está no nível dos problemas colocados pelo estado do planeta. Presos entre a ideia revolucionária e o projeto de integrar a ecologia na economia, os reformistas são como aqueles partidos socialistas que acabaram pouco a pouco definhando por hesitar entre a esquerda radical e a direita republicana. É assim que as políticas ecológicas que reivindicam o desenvolvimento pretensamente sustentável e o crescimento supostamente verde

* MEDEF é o Movimento das Empresas da França (ver https://www.medefinternational.fr/portugues/) (N.T.).

penalizam (um pouco) a economia, colocam nas ruas as camadas mais modestas da população, sem, no entanto, resolver seriamente os problemas ambientais. Elas visam reduzir o impacto das atividades humanas na natureza, mas reduzir não é suprimir, é portanto insuficiente, o que, mais uma vez, abre uma avenida para as críticas vindas dos radicais favoráveis ao decrescimento.

Como veremos, o projeto ecomodernista é de outra têmpera. Poderíamos até dizer que ele tem, pelo menos no plano intelectual, algo de revolucionário. Embora faça parte, como o reformismo, da lógica da economia de mercado e defenda a ideia de que o crescimento infinito é possível em um mundo finito, as medidas que ele propõe são ainda assim radicais. Ao contrário dos reformistas comuns, os ecomodernistas querem estar no nível dos problemas colocados, e nesse sentido são os únicos oponentes verdadeiros dos fundamentalistas verdes. Neste capítulo, vou citar frequentemente e com alguma extensão "Um manifesto ecomodernista", um texto que pode ser encontrado na internet em acesso livre, escrito em várias línguas e que tem como um de seus principais autores ninguém menos do que Michael Shellenberger. Sei que as citações tendem a tornar a leitura de um livro menos fluida. Se resolvo enfrentar esse inconveniente, é por uma razão que me parece mais importante para meu leitor que a preocupação apenas com seu prazer: o discurso ecológico hoje é esmagadoramente catastrofista, alarmista e adepto do decrescimento. Baseia-se quase inteiramente no medo, na culpa moral, na ideologia punitiva e nas paixões tristes. O projeto ecomodernista possui um tom intelectual e moral diferente, mas como ainda é extremamente minoritário, desconhecido da maioria dos próprios líderes ecologistas, *a fortiori* do grande público, eu quis aqui corrigir esse desequilíbrio. Pareceu-me indispensável apresentar melhor essa corrente de pensamento e de ação que, a meu ver, deveria ocupar um lugar essencial no debate público. Mas, para conseguir isso, é bom conhecê-la "no texto".

O tipo ideal do ecomodernismo em dez pontos fundamentais

Trata-se de uma constatação que os "ecomodernistas", como todos os representantes das demais correntes da ecologia, estão, se não pessimistas, ao menos lúcidos e preocupados. Michael Shellenberger, que dedicou sua vida à luta contra o aquecimento climático, é um daqueles que certamente não poderá ser acusado de estar do lado dos céticos do clima. Simplesmente, seu manifesto constata, com uma objetividade que os colapsistas adeptos do decrescimento como Dominique Bourg perderam de vista há muito tempo, que a "modernidade" e o produtivismo liberal engendraram consideráveis progressos humanos,[1] como nenhum outro na história, mesmo que infelizmente o tenham feito muitas vezes em detrimento do meio ambiente.[2] É o que aponta "Um manifesto ecomodernista", e é

---

1 "A modernização libertou cada vez mais pessoas de existências feitas de pobreza e de árduos trabalhos agrícolas, mulheres do estatuto de gado, crianças e minorias étnicas da opressão e sociedades de uma governança caprichosa e arbitrária. Uma maior produtividade dos recursos associada aos sistemas sociotecnológicos modernos permitiu às sociedades humanas satisfazer suas necessidades com menos recursos e impactos no meio ambiente." É, assim, a um elogio ao produtivismo moderno que se dedica "Um manifesto ecomodernista", que chega a afirmar, precisamente contra o que afirmam os defensores do decrescimento, que as "economias mais produtivas são as economias mais ricas, capazes de responder melhor às necessidades humanas, mesmo dedicando muito mais de seus excedentes econômicos a elementos de conforto como melhoria da saúde, maiores liberdades e oportunidades humanas, artes, cultura e preservação da natureza".

2 É divertido comparar o que "Um manifesto ecomodernista" diz sobre nossa modernidade com a descrição apocalíptica feita por Dominique Bourg na passagem já citada de seu prefácio ao livro colapsista de Pablo Servigne: "A humanidade prosperou ao longo dos dois últimos séculos. A expectativa média de vida aumentou de 30 para 70 anos. [...] A humanidade conheceu avanços extraordinários na medicina, reduziu a frequência e os efeitos das doenças contagiosas e tornou-se mais capaz de resistir a condições climáticas extremas e a outras catástrofes naturais. A violência em todas as suas formas diminuiu de modo significativo e provavelmente atingiu seu nível mais baixo por indivíduo de toda a história da humanidade, apesar dos horrores do século XX e do terrorismo atual. Globalmente, os seres humanos passaram de regimes autocráticos para democracias liberais, caracterizadas pelo Estado de direito e pelo aumento das liberdades crescentes. [...] O mundo moderno libertou a mulher dos papéis tradicionalmente associados a seu sexo. [...] Ao mes-

daí que ele parte para construir seu projeto, é que, apesar de certos desastres ambientais incontestáveis, já se manifestam na realidade tendências à "dissociação" entre as atividades humanas e a natureza virgem. Ora, são precisamente essas tendências que terão de ser aceleradas e amplificadas por políticas voluntaristas.[3] Do que se trata afinal e o que é preciso compreender aqui exatamente por essa noção de "dissociação" na qual os ecomodernistas veem a principal solução para os problemas ambientais?

1. Dissociar o bem-estar humano, o crescimento e o progresso da destruição do meio ambiente. Promover e ampliar uma dupla dissociação, demográfica e técnica

Este é de fato o *leitmotiv*, a ideia diretriz do projeto ecomodernista. Trata-se de promover, acelerar e ampliar uma dissociação entre, de um lado, a busca do progresso, do crescimento, do consumo e do bem-estar do qual quase ninguém deseja abrir mão e, de outro, a destruição do meio ambiente pelo impacto crescente e negativo que os humanos estão lhe infligindo. Há que se notar desde já que o ecomodernismo é de fato uma corrente ecológica completa: não se trata de forma alguma de lançar um olhar "cético" sobre a realidade dos danos causados pelas atividades humanas, seja no clima, na biodiversidade, na erosão da biomassa ou na poluição da água e do solo. Se ele propõe uma solução radical pela dissociação (mas também, como veremos, pela economia circular e pelo investimento nas tecnologias *high-tech*), é precisamente porque parte da constatação de que o impacto humano na natureza está se tornando dificilmente sustentável. Essa dissociação deve então ser programa-

mo tempo, a prosperidade humana teve um grande impacto no meio ambiente e na vida selvagem. Os humanos utilizam cerca da metade das terras não glaciais do planeta. [...] A população de certos mamíferos, anfíbios e aves diminuiu em mais de 50% nos últimos quarenta anos".

3 "Ainda que, no conjunto, os impactos humanos sobre o meio ambiente continuem a crescer, algumas tendências de longo prazo conduzem a uma dissociação importante entre bem-estar humano e impactos ambientais."

da de maneira voluntarista, mas, acima de tudo, deve assumir uma dupla forma, demográfica e tecnológica.

É preciso antes de mais nada dissociar no plano demográfico, intensificando a urbanização para devolver espaços à natureza selvagem, único meio de recriar a biodiversidade, de absorver o CO_2, mas também de conservar e proteger a beleza natural. Para conseguir isso, também é necessário organizar a dissociação no plano tecnológico, intensificando a produção agrícola a fim de que ocupe menos terra, intensificando também a produção de energia graças à energia nuclear e solar para também evitar a poluição ligada às fontes de energia mais sujas (em particular as centrais a carvão, que a Alemanha é obrigada a multiplicar para compensar a ineficácia relativa das energias renováveis, bem como sua renúncia à energia nuclear). É claro que voltaremos a esses dois aspectos e os desenvolveremos dando exemplos, mas eis uma passagem do manifesto que resume bem a ideia:

> Intensificar muitas atividades humanas, especialmente a agricultura, a extração energética, a silvicultura e os assentamentos, para que ocupem menos terra e interfiram menos no mundo natural, é a chave para dissociar o desenvolvimento humano dos impactos ambientais. Esses processos tecnológicos e socioeconômicos estão no centro da modernização econômica e da proteção ao meio ambiente. Juntos, eles ajudarão a mitigar as mudanças climáticas, poupar a natureza e reduzir a pobreza mundial.

Como sugeri há pouco, essa "intensificação", e consequentemente também essa concentração das atividades humanas que permite a dissociação, deve imperativamente associar demografia e tecnologia, sendo as duas esferas inseparáveis na medida em que a intensificação demográfica, isto é, a urbanização ou o reagrupamento das populações em territórios restritos que liberam cada vez mais espaço de natureza selvagem ou protegida, seria impossível sem a intensificação tecnológica, como destaca esta outra passagem do manifesto:

> No plano demográfico, as cidades ocupam apenas de 1 a 3% da superfície da Terra e, no entanto, elas abrigam quase 4 bilhões de pessoas. É nesse sentido que simbolizam a dissociação entre a humanidade e a natureza, sendo muito mais eficientes que as economias rurais na satisfação eficaz das necessidades materiais, ao mesmo tempo reduzindo o impacto no ambiente.

Lendo essas linhas, imagino que Nicolas Hulot e, com ele, todos os partidários do decrescimento, bem como os defensores da agricultura extensiva tradicional, devem estar extremamente indignados, mas por menos original e presentes na mídia que ele seja, o raciocínio é, entretanto, tão claro quanto argumentado.

A energia solar, a fissão e a fusão nucleares aparecem, assim, como as soluções energéticas do futuro, já que se tratará de descarbonizar nossas indústrias, portanto de produzir mais energia com menos espaço, sem recorrer aos combustíveis fósseis que acentuam a mudança climática. Nesse sentido, é preciso estar bem ciente de que as técnicas antigas são calamitosas, o que tornaria os retrocessos e a implementação da ideologia *low-tech* simplesmente catastróficos,[4] e tanto mais porque os povos não renunciarão ao desenvolvimento, nem nos países ricos, nem *a fortiori* nos países pobres. Nessas condições, apostar no decrescimento é de todo modo insuficiente – daí o catastrofismo de colapsistas como Cochet, que sabem muito bem que "não vai acontecer assim".

4 "A dissociação entre o bem-estar humano e a destruição da natureza exige o aumento voluntário do recurso aos processos de dissociação emergentes. [...] Reduzir o desmatamento e a poluição do ar doméstico implica substituir a madeira e o carvão por uma energia moderna. [...] A urbanização, a intensificação da agricultura, a energia nuclear, a aquicultura, a dessalinização são todos processos que têm uma capacidade demonstrada de reduzir as demandas humanas sobre o meio ambiente, abrindo mais espaço para as espécies não humanas. A expansão urbana, a agricultura de baixo rendimento e muitas formas de produção de energias renováveis, ao contrário, geralmente requerem mais superfície, mais recursos e deixam menos espaço para a natureza. [...] O pleno acesso às energias modernas é um pré-requisito essencial ao desenvolvimento humano e à dissociação entre desenvolvimento e natureza."

Nessas condições, e se não quisermos retornar à Idade Média, só as tecnologias modernas poderão permitir a resolução do problema climático:

> Uma atenuação significativa da mudança climática é, portanto, fundamentalmente um desafio tecnológico. Com isso, queremos dizer que limitar, mesmo drasticamente, o consumo global por indivíduo seria insuficiente para atenuar de maneira significativa a mudança climática. À parte as mudanças tecnológicas profundas, não há caminho confiável que leve a uma atenuação significativa da mudança climática. Não conhecemos nenhum cenário quantificado de atenuação da mudança climática em que as mudanças tecnológicas não sejam responsáveis pela maior parte das reduções de emissão de carbono.

Nessa perspectiva, as chamadas energias "renováveis", em particular as turbinas eólicas, são um beco sem saída, apenas a solar tendo um futuro plausível:

> É substituindo os combustíveis de baixa qualidade (ou seja, os com alto consumo de carbono e com menor densidade energética) por outros de alta qualidade (ou seja, baixo consumo de carbono e alta densidade energética) que praticamente todas as sociedades se descarbonizaram... Infelizmente, a maioria das energias renováveis não consegue isso...

Elas realmente ocupam muito espaço, têm impactos ambientais elevados, rendimentos baixos, e isso não vai mudar – a única exceção, entre essas chamadas energias "verdes", são as células solares de alta eficiência feitas de materiais geológicos abundantes.

De resto, é preciso aumentar os investimentos nos centros de pesquisa que trabalham na fissão e na fusão nuclear, únicas tecnologias de carbono zero com capacidade comprovada para satisfazer a maior parte, se não a totalidade, das demandas energéticas de uma economia moderna da qual já não podemos prescindir sem levar centenas de milhões de pessoas à miséria ou mesmo à morte:

> No longo prazo, a energia solar do futuro, a fissão nuclear avançada e a fusão nuclear são as únicas formas plausíveis de alcançar os objetivos conjuntos de uma estabilização do clima e de uma dissociação radical entre as atividades humanas e a natureza.

Em suma, são essas tendências, com as várias faces da intensificação e da dissociação – tendências[5] ainda mais ou menos em formação, pois são amplamente escondidas da opinião pública, bem como dos líderes políticos, pelo lugar infelizmente ocupado pela ecologia punitiva e pelas ideologias do decrescimento –, as quais é preciso encorajar por meio de políticas voluntaristas, concertadas e inteligentes.

2. Dissociação relativa e dissociação absoluta: por um "reformismo radical", se não revolucionário

É preciso compreender que existem dois tipos de dissociação, a relativa e a absoluta. A primeira significa que os impactos das atividades humanas sobre o meio ambiente aumentam menos rapidamente que o crescimento econômico. É melhor que nada, mas ainda assim é insuficiente no longo prazo para garantir a sustentabilidade do desenvolvimento. A dissociação absoluta ocorre quando os impactos das atividades humanas sobre o meio ambiente atingiram seu ápice e começam, então, a declinar, embora o crescimento global continue a prosperar:[6] temos aí finalmente uma política ecológica

5 "Em conjunto, essas tendências significam que o impacto total da humanidade sobre o meio ambiente, que inclui mudanças na utilização dos solos, a superexploração e a poluição, poderia atingir um pico e depois diminuir ao longo deste século. Ao compreender esses processos emergentes e ao garantir sua promoção, temos a possibilidade de tornar a Terra novamente verde, novamente selvagem, permitindo ao mesmo tempo alcançar padrões de vida modernos e erradicar a pobreza material."

6 "A dissociação ocorre em valor relativo como absoluto. Uma dissociação relativa quer dizer que os impactos humanos sobre o meio ambiente aumentam em um ritmo mais lento que o crescimento econômico global. Portanto, para cada unidade de produção econômica, resulta menos impacto ambiental (por exemplo, desmatamento, prejuízos sobre a fauna, poluição). [...] A dissociação absoluta intervém

digna desse nome, e é também nesse ponto que medimos a diferença com o reformismo do crescimento verde e do desenvolvimento sustentável, que na melhor das hipóteses permanece na dissociação relativa. Ele se contenta em poluir menos, sem compreender que o objetivo final é não poluir nada. Há que se notar que, pelo menos nesse ponto, os ecomodernistas concordam em grande parte com as conclusões da última versão do relatório Meadows (o de 2014), que citamos em um capítulo anterior. Vale observar ainda que, embora seu projeto se inscreva de certo modo no quadro do reformismo e do desenvolvimento sustentável, na medida em que não visa aniquilar as sociedades liberais, nem a economia de mercado, que é sua infraestrutura, ele não deixa de ser infinitamente mais radical que o dos partidários "comuns" do crescimento verde.

3. Ao contrário de uma ideia preestabelecida, veiculada incorretamente por programas para o público em geral do tipo "Ushuaia", que enriqueceu Nicolas Hulot, tomar as sociedades tradicionais como modelo seria suicida para centenas de milhões de pessoas e, além disso, devastador para o meio ambiente

Com efeito, as tecnologias primitivas são o exemplo mesmo de uma densidade terrivelmente baixa associada a um máximo de devastação da fauna e da flora, estando sua viabilidade ligada apenas ao pequeno número de pessoas que vivem em sociedades tribais. É por isso que volto a citar "Um manifesto ecomodernista", pois ele é ao mesmo tempo justo, preciso e bem argumentado:

> Os processos de dissociação descritos acima desafiam a ideia de que as sociedades primitivas viviam com uma pegada menor sobre a Terra que as sociedades modernas. Embora as sociedades do passado possam ter tido menos impacto sobre o meio ambiente, isso se deve apenas ao fato de que elas tinham populações muito menores. Na verdade, as primeiras populações humanas,

quando os impactos ambientais em sua totalidade atingiram um ápice e começam a declinar, ainda que a economia continue a crescer."

> com tecnologias muito menos avançadas, exerciam uma pegada por indivíduo muito maior sobre a Terra que nossas sociedades atuais. Veja como uma população de 1 ou 2 milhões de norte-americanos caçou a maioria dos grandes mamíferos do continente até a extinção deles no final do Pleistoceno, enquanto queimavam florestas e desmatavam o continente todo. Extensas transformações do meio ambiente por causa dos humanos continuarão ao longo do Holoceno. Três quartos de todo o desmatamento ocorreram globalmente antes da Revolução Industrial!

Eis mais uma ideia falsa desmentida e, no entanto, recebida como uma evidência desde Jacques Ellul pela maioria dos ideólogos favoráveis ao decrescimento.

4. Um "bom Antropoceno" é, portanto, possível desde que recorramos às tecnologias mais modernas a serviço da energia e da agricultura

Como já sugerimos, em longo prazo, mas devemos nos preparar para isso desde já, apenas três fontes de energia, evidentemente *high-tech*, devem se beneficiar de investimentos pesados: a energia solar do futuro, a fissão nuclear avançada e a fusão nuclear. Essas são as únicas vias possíveis para uma estabilização do clima e para uma dissociação radical entre as atividades humanas e a natureza. Os exemplos da piscicultura e da agricultura nos encorajam a ir na mesma direção, a da intensificação e das tecnologias *high-tech*, as únicas que permitirão essa dissociação. Produzir mais alimentos ou energia com menos espaço e sem recorrer às energias fósseis é a solução do futuro, aquela que permitirá que a era do humano (o Antropoceno) não seja a da destruição da natureza. Como declaram os autores do manifesto:

> Como universitários, cientistas, militantes e cidadãos, escrevemos este Manifesto animados pela convicção de que o conhecimento e a tecnologia aplicados com sabedoria podem permitir um Antropoceno bom, até mesmo notável. Um bom Antropoceno

exige que os seres humanos utilizem suas crescentes capacidades técnicas, econômicas e sociais para melhorar a condição humana, estabilizar o clima e proteger a natureza.

Em contrapartida, o espraiamento urbano, a agricultura extensiva tradicional de baixo rendimento e as energias renováveis (com exceção da solar) geralmente exigem mais recursos e deixam menos espaço para a natureza:

> A escala da utilização das terras e de outros impactos ambientais necessários para abastecer o mundo com biocombustíveis e outras energias renováveis é tal que duvidamos que ofereçam um caminho saudável para um futuro de carbono zero e de baixa pegada ecológica.

As células solares de alto rendimento fabricadas com base em materiais geológicos abundantes são, portanto, a exceção entre as energias renováveis, uma exceção que merece mais atenção que as desastrosas turbinas eólicas, sobre as quais nos perguntamos como puderam adquirir tanto sucesso, senão porque os interesses dos *lobbies* que as defendem são de um poder impossível de determinar.

5. O anti-Malthus: um crescimento infinito é evidentemente possível em um mundo finito. Não há limite identificável nem para o crescimento, nem para a demografia, nem para a energia, nem para a alimentação

Contra as provisões apocalípticas de Paul Ehrlich, e diferentemente das primeiras versões do relatório Meadows, "Um manifesto ecomodernista" afirma que, com planejamento, graças à dissociação, ao investimento em tecnologias modernas e à economia circular, não há razão nenhuma para acreditar que existiriam limites ao crescimento no mundo simplesmente porque nosso mundo é finito. Como este é um ponto absolutamente essencial no debate entre ecomodernistas e adeptos do decrescimento, prefiro aqui citar o texto exato do manifesto:

> Apesar das frequentes afirmações que surgiram nos anos 1970 e segundo as quais existiriam fundamentalmente "limites ao crescimento", ainda há admiravelmente poucas provas de que a população humana e sua expansão econômica excederão a capacidade de produzir alimentos ou de obter os recursos materiais indispensáveis em um futuro previsível. Se existem limites físicos ao consumo humano, esses são puramente teóricos e não têm na prática pertinência alguma. [...] A civilização humana pode prosperar por séculos e milênios graças à energia fornecida em um ciclo fechado de combustíveis à base de urânio e de tório ou ainda com a fusão do hidrogênio-deutério. Com uma boa gestão, os seres humanos não correm nenhum risco de ficar sem terras cultiváveis para produzir seus alimentos.[7]

Como sempre acontece com os ecomodernistas, essas observações, que não deixarão de indignar os fundamentalistas, são contrabalançadas por constatações lúcidas sobre o estado do planeta, e nisso o ecomodernismo se situa nos antípodas do ceticismo climático:

> Ainda há, porém, sérias ameaças ambientais no longo prazo, como a mudança climática antrópica, a diminuição da camada de ozônio e a acidificação dos oceanos. Embora essas ameaças sejam difíceis de medir, há evidências hoje de que elas podem constituir um alto risco de incidentes catastróficos, os quais podem ter custos econômicos e humanos consideráveis.

---

7 Ver também, na sequência do manifesto, como os ecomodernistas, sempre com base em argumentos científicos, anunciam que, tendo já sido atingidos certos picos de consumo, é perfeitamente possível manter a ideia de que um crescimento infinito é possível em um mundo finito, desde que ele seja organizado de forma inteligente: "De fato, contrariamente ao medo expresso com frequência de um crescimento infinito entrando em colisão com o planeta finito, a demanda por muitos bens materiais poderia atingir um ponto de saturação ao mesmo tempo que as sociedades enriquecem. Por exemplo, o consumo de carne atingiu seu máximo nos países ricos e está mudando da carne bovina para outras fontes de proteína que usam menos terra". Voltaremos a esse ponto crucial no capítulo dedicado à carne celular.

E a sequência do manifesto insiste nas dificuldades que a maioria dos seres humanos do planeta ainda encontra em termos de saúde e de poluições diversas, principalmente hídricas – de modo que as soluções radicais propostas pelos ecomodernistas aparecem de fato como uma urgência para as políticas ambientais, que deveriam ser infinitamente mais voluntaristas do que ainda são no âmbito do reformismo e do centrismo apático cujos limites já destacamos.

6. Um papel político importante para as sociedades civis, claro, mas ainda mais para os Estados, que deveriam, como lugares de interesse geral, ser muito mais voluntaristas

A dissociação pressupõe, com efeito, políticas finalmente ativas. Não só é preciso acelerar consciente e voluntariamente a dissociação, mas também é preciso colocar em prática uma política para a conservação dos patrimônios naturais:

> A aceleração dos progressos tecnológicos exigirá a participação ativa do setor privado, dos empresários, da sociedade civil e do Estado. Rejeitando os falsos planejamentos dos anos 1950, continuamos a desejar um forte protagonismo dos poderes públicos para enfrentar os problemas ambientais e acelerar a inovação tecnológica. [...] Acelerar apenas a dissociação não será suficiente para garantir mais natureza selvagem. É necessário ainda uma política de conservação e um movimento em favor das regiões selvagens, que devem exigir mais natureza selvagem por motivos estéticos e espirituais. Afirmamos que os humanos têm a necessidade e a capacidade de conduzir uma dissociação acelerada, voluntária e consciente.

Vemos assim que, ao contrário do que afirmam certas críticas de tendência marxista e adeptas do decrescimento ao ecomodernismo, este último não se confunde de forma alguma com um neoliberalismo hostil à intervenção do Estado.

7. *Uma cooperação internacional é vital, nesse sentido a globalização é muito mais nossa aliada que nossa inimiga*

Se tivermos de escolher entre lutar pelo meio ambiente ou lutar pelo desenvolvimento, está claro que para a grande maioria dos povos do Terceiro Mundo a escolha será pelo desenvolvimento. Essa constatação evidente deveria nos levar, nós ocidentais ricos e tecnologicamente eficientes, a repensar nosso papel geopolítico. Com efeito, como o manifesto corretamente coloca,

> a mudança climática e outros desafios ecológicos não são as preocupações mais importantes nem mais imediatas para a maioria da população mundial. E não precisam ser. Em Bangladesh, uma nova usina de energia vai poluir o ar e aumentar as emissões de dióxido de carbono, mas também vai salvar vidas. Para quem vive sem luz, para quem é obrigado a queimar estrume para cozinhar seus alimentos, a eletricidade e os combustíveis modernos, seja qual for sua origem, são um caminho para uma vida melhor, e isso apesar dos desafios ambientais.

A possibilidade de dispor de energias de baixo custo e de alto rendimento, mesmo que poluentes, permite que os seres humanos pobres em todos os lugares do mundo deixem de usar florestas como combustível, que reciclem águas usadas ou ainda dessalinizem a água do mar, o que é literalmente vital em certas regiões do globo. Portanto, é evidente que esses desafios nunca poderão ser resolvidos pelas políticas de decrescimento que os povos ricos do Norte pretendem impor aos do Sul. Seria ao mesmo tempo obsceno, inaceitável e certamente não aceito. Fica claro, portanto, que somente uma dissociação possibilitada por tecnologias *high-tech* de alto desempenho poderá permitir a resolução dos desafios ambientais, o que supõe que os ocidentais levem o máximo possível de seu conhecimento moderno para aqueles que mais precisam. É nesse contexto que a globalização liberal, que vai gradualmente introduzindo os países do Sul na lógica industrial, capitalista e *consequentemente* tecnocientífica ocidental, é na realidade algo excelente (sim, "consequentemente", pois como tão bem mostraram tanto Marx como Schumpeter, não há inovação científica e tecnológica sem capitalismo).[8]

8. Privilegiar a ética da discussão mais que a "tirania benevolente" e o autoritarismo verde

Como afirmam os redatores do "Manifesto ecomodernista":

> Nossa esperança é que este manifesto possa contribuir para melhorar a qualidade e o conteúdo do diálogo sobre como proteger o meio ambiente no século XXI. Muitas vezes as discussões têm sido dominadas pelos extremos atormentados por um dogmatismo que, por sua vez, alimenta a intolerância. Damos valor aos princípios liberais da democracia, da tolerância e do pluralismo por si mesmos, ao mesmo tempo que afirmamos que eles também são a chave para realizar um extraordinário Antropoceno.

Estamos aqui nos antípodas da "tirania benevolente" defendida por Hans Jonas, mas também dos conselhos de especialistas autoproclamados, dotados de um direito de veto muito antidemocrático, desejados por Dominique Bourg, *a fortiori* da polícia do pensamento reivindicada por Corinne Lepage. Como pedem os ecomodernistas, uma ética da discussão é não só desejável em direito, por princípio, mas em todo caso ela é necessária para informar a opinião pública, escolher em acordo com ela os métodos e o tipo de ação adotados, pois, em uma democracia, nada sério e sólido jamais pode ser feito contra os povos. Quanto aos regimes autoritários ou totalitários, a história nos mostrou que acabam sempre por ruir, e isso por uma razão fundamental: são contrários à própria essência do ser humano, que reside na liberdade e na autonomia. Precisamos, portanto, de um contexto democrático para a ecologia, pois

---

8 "Uma colaboração internacional em torno da inovação e das transferências de tecnologia é indispensável nos campos da agricultura e da energia."

nada se fará sem o apoio esclarecido da opinião pública[9] – tantos temas que opõem diametralmente o ecomodernismo aos defensores do decrescimento.

9. Uma ecologia humanista contra os "direitos da natureza"

A noção de "direitos da natureza", cara aos *deep ecologists*, simplesmente oculta o fato, no entanto evidente, de que apenas os seres humanos são detentores de direitos e deveres, uma vez que somente eles são capazes de escolher o que querem proteger na natureza e por que o querem (beleza, diversidade, utilidade, "indigeneidade", inteligência, espiritualidade...):

> Os esforços explícitos para preservar paisagens por seu valor não utilitário são escolhas verdadeiramente antrópicas [...]. O afastamento das áreas de natureza selvagem também é uma escolha humana tanto quanto a destruição delas. Os humanos salvarão as áreas selvagens e as paisagens convencendo seus concidadãos de que vale a pena proteger esses lugares e as criaturas que os habitam.

É também por isso que a ética da discussão é preferível às políticas autoritárias. Como já dizia Kant em suas *Reflexões sobre a educação*, se uma pedagogia pelo adestramento pode ser adequada aos animais, ela não é nem legítima nem funcional quando se trata de seres humanos.

9 "O caminho, ao mesmo tempo pragmático e ético, que leva a uma economia global justa e sustentável, necessita de uma transição tão rápida quanto possível para fontes de energia baratas, limpas, densas e abundantes. Esse caminho necessita de um apoio sustentado da opinião pública ao desenvolvimento e à extensão das tecnologias energéticas limpas tanto dentro das nações como entre elas, por meio da colaboração internacional e da concorrência e dentro de uma ampla estrutura para a modernização e o desenvolvimento global."

10. Um grande propósito político, econômico, mas também estético e espiritual

Pode uma ecologia não punitiva, que para mobilizar os cidadãos não se apoia nem no medo, nem nas paixões tristes e nem na moral, mas apela à inteligência, ser ouvida? Em todo caso, esta é toda a aposta do ecomodernismo, que se baseia no fato de que um grande propósito para as gerações futuras, ou seja, para aqueles que amamos, começando por nossos filhos, não pode deixar as pessoas indiferentes. O programa ecomodernista não é, portanto, simplesmente "utilitarista", interessado no plano econômico, financeiro e comercial, mas visa mais longe, como indica mais esta passagem significativa do manifesto:

> A defesa de uma dissociação mais voluntária, mais consciente e mais rápida para poupar a natureza apoia-se em argumentos muito mais de ordem estética e espiritual que material e utilitária. As gerações futuras poderiam sobreviver e até mesmo prosperar materialmente em um mundo com muito menos biodiversidade e vida selvagem. Mas esse não é o mundo que queremos, nem aquele que teremos de aceitar desde que os humanos adotem o processo de dissociação.

Ao contrário das paixões tristes que animam os projetos de decrescimento, o ecomodernismo conta, portanto, com uma preocupação inteligente com o futuro e com um interesse espiritual pela beleza do mundo natural.

É claro que o projeto ecomodernista despertou críticas virulentas tanto por parte dos colapsistas como por parte dos defensores do decrescimento. Em particular, ele foi acusado, como seria de esperar por parte dos adeptos do decrescimento, de ser uma iniciativa de *greenwashing* a serviço do "grande capital". Porém, antes de criticá-lo, é bom compreender esse projeto em toda sua extensão, levar em conta suas ramificações, que são numerosas, profundas e diversas. A economia circular evidentemente é uma delas, e é por isso que proponho que meu leitor me acompanhe agora na apresentação dos princípios dessa nova visão da economia.

CAPÍTULO 5

A economia circular *"C2C":[1] crescimento infinito, poluição zero!*

Vamos direto ao ponto: esta é a única concepção de economia que pode tornar plausível o projeto ecomodernista e, de modo mais geral, a única que permitiria conciliar seriamente a economia de mercado, o crescimento, o produtivismo e uma preocupação finalmente efetiva com o meio ambiente. Em todo caso, essa é a ideia. Se a ecologia não quiser ser associada a um declínio total em termos de comodidades, de conforto, de tempo, de poder de compra, mas também de liberdade e de bem-estar, ela precisará deixar de ser punitiva, antiliberal, decrescente e mortífera para tornar-se "positiva", integrando enfim seriamente a noção de circularidade. Claro que, ao ler essa frase, os fundamentalistas verdes partidários do decrescimento darão de ombros, diagnosticando desde o início um discurso liberal apoiado nesses contrapontos que o consumo e o desenvolvimento se tornaram a seus olhos. Para aqueles que ainda não estão completamente engessados em uma ideologia de concreto armado, agora tão dogmática e falsamente científica quanto o comunismo dos anos 1950, posso garantir que vale a pena continuar a leitura. Pois é justamente uma "alternativa" bem argumentada e forte ao decrescimento e ao colapsismo que William McDonough e Michael Braungart propõem em seu livro pioneiro, *Cradle to cradle. Créer et*

1 *Cradle to cradle*, ou seja: "do berço ao berço" (e não "do berço ao túmulo").

recycler à l'infini[2] [Do berço ao berço. Criar e reciclar infinitamente] (abreviado: C2C) – um projeto inovador cujas promessas, se cumpridas, deveriam ser bastante entusiasmantes para qualquer pessoa interessada em proteger o meio ambiente.

A economia circular pretende, portanto, implementar uma "ecologia positiva": a expressão pode parecer apenas um *slogan*, como tantos e tantos encontrados em programas políticos. Ela é na realidade de uma rara profundidade, desde que pelo menos compreendamos em que sentido ela nos convida a repensar de cabo a rabo o projeto filosófico, espiritual e científico de uma ecologia finalmente otimista que se apoia nas duas noções-chave da economia circular.

Primeiro, na ideia de que, pelo menos em um ponto, deveríamos imitar a natureza: nela, com efeito, não há, retomando a feliz fórmula de William McDonough, "nem lixeiras, nem resíduos". Tudo na natureza é indefinidamente reciclável, de modo que podemos, tomando-a como modelo, não só reduzir custos e obter lucros evitando o desperdício de materiais úteis, mas também construir um futuro ecológico que, se integrando à economia, defenda o crescimento e o consumo em vez de querer pouco a pouco reduzi-los. Gunter Pauli, em um livro com um título sugestivo (*Croissance sans limites. Objectif zéro pollution* [Crescimento sem limites. Objetivo poluição zero]),[3] também se dedicou a formular os princípios fundamentais de uma ecologia positiva porque circular:

> Só quando a indústria imita a natureza é que atinge o mesmo nível de produtividade. O mundo do resíduo é um mundo de oportunidades, um mundo onde o resíduo de um processo pode tornar-se matéria-prima de outro processo, uma cascata de materiais outrora supostamente sem valor que voltam a se tornar a origem de novos processos e de novas riquezas.

---

2 William McDonough e Michael Braungart, *Cradle to cradle. Créer et recycler à l'infini*, Éditions Alternatives, 2010.

3 Gunter Pauli, *Croissance sans limites. Objectif zéro pollution*, Quintessence, 2007.

Na verdade, não se trata nem de um *slogan* nem apenas de uma teoria.

Na prática, com efeito, milhares de empresas já adotaram essa nova visão da relação com a natureza: refinarias italianas reconvertidas para a produção de biopolímeros, fazendas que cultivam cogumelos com base em supostos "resíduos", empresas que fabricam papel por meio de pedra e de resíduos plásticos sem utilizar fibra vegetal, nem mesmo uma única gota de água... O livro de Pauli, como o de McDonough e Braungart, está repleto de exemplos concretos que mostram que podemos criar crescimento e emprego "prestando um serviço ao planeta". E o que faz com que isso "funcione" é que, em vez de quebrar a economia, o crescimento e o poder de compra, não só as empresas que entram no projeto C2C vão bem financeiramente, mas, graças a essa forma inédita de conceber a produção industrial, elas obtêm lucros às vezes consideráveis.

Vemos então surgir o segundo princípio dessa ecologia positiva: não se trata de "ser menos pior" (subentendido: para conseguir isso, vamos puni-lo, taxá-lo, comprimi-lo, reduzi-lo, impedi-lo, proibi-lo etc., na esperança de poluir um pouco menos), mas de ser bom, e mesmo excelente. O objetivo de longo prazo não é uma poluição menor, mas sim uma "poluição zero", e não é limitando o crescimento e o consumo que chegaremos a esse nível, mas sim inventando, graças às novas tecnologias, possibilidades infinitas de crescer sem limites ao mesmo tempo despoluindo. Você acha que isso é utopia? Pois bem, vamos observar mais de perto. Proponho apresentar-lhe, apoiado em citações, como fiz com o ecomodernismo no intuito de encorajá-lo a ler os livros dedicados a ele, as teses dessa nova economia circular, e você verá que a integração da ecologia na economia de mercado pela lógica da reciclagem é não apenas viável como constitui o único caminho de futuro para a humanidade.

Ser 100% bom, visar ao objetivo da "poluição zero", significa antes de mais nada olhar como a natureza faz as coisas em termos de reciclagem. A primeira constatação que se impõe, e talvez a mais singular, é que ela desconsidera tanto aqueles que visam ao crescimento a todo custo, quaisquer que sejam os impactos negativos sobre o meio ambiente, como aqueles que querem nos punir com o decrescimento. Pois a natureza é tudo menos "econômica", tudo menos sovina, ela não visa nem o decrescimento total, nem a rentabilidade bestial do produtivismo desenfreado que caracterizou as primeiras Revoluções Industriais. Na verdade, ela é simplesmente generosa, como a cerejeira que McDonough e Braungart tanto gostam de mencionar, uma árvore que sabe fazer o que pareceria absurdo tanto para um capitalismo arrogante como para um ecologismo adepto do decrescimento:

> Observe uma cerejeira: milhares de flores dão frutos a fim de alimentar os pássaros, outros animais, os humanos, e para que um caroço eventualmente caia no chão, crie raízes e cresça. Quem poderia olhar para um solo coberto de flores e dizer, se lamentando: "Que desperdício! Quanta ineficiência!". A árvore consegue produzir flores em abundância sem esgotar seu entorno [...]. Embora produza mais produtos que o necessário para prosperar em seu ecossistema, essa abundância evoluiu ao longo de milhões de anos de sucessos e de fracassos – em termos comerciais: de pesquisas e de desenvolvimentos – para alcançar objetivos diversos e ricos. Na verdade, a fecundidade da árvore nutre absolutamente tudo a seu redor. Como seria o mundo construído pelo homem se uma cerejeira o tivesse criado?[4]

Pois bem, é justamente essa resposta que o livro de nossos dois autores esboça ao longo de uma série de argumentos que formam um projeto sistêmico e coerente. Como escreve um outro partidário da economia circular, Jean Staune, resumindo o trabalho de Braungart e McDonough:

> A ideia geral é passar de sistemas que liberam menos resíduos tóxicos no ar, na água e no solo, que criam menos resíduos irrecuperáveis tendo como único objetivo atender às normas vigentes, para sistemas que:

4 *Ibidem*, pp. 102-103.

> – como as árvores, produzirão mais energia do que consomem;
> – purificarão eles mesmos as águas usadas;
> – permitam a produção de produtos que não se tornarão, após sua vida, resíduos inúteis, mas que poderão nutrir as plantas, os animais e o solo enquanto se decompõem; ou
> – que poderão retornar aos ciclos industriais para fornecer matérias-primas de alta qualidade que irão compor novos produtos.
> Esse mundo ideal requer não apenas uma revisão radical de nossos processos de produção e da própria concepção de nossos produtos, mas também melhor compreensão dos mecanismos fundamentais da natureza.[5]

Sem mal-entendidos: a natureza, aqui, não é sacralizada, não é considerada um modelo moral, apenas um modelo de inteligência, o que não é a mesma coisa. Se soubermos observá-la bem, ela contém uma infinidade de processos selecionados para sua adaptação ao ambiente no curso de uma longa história da qual podemos tirar lições. Assim como de vez em quando nos acontece, e às vezes com mais frequência e mais facilidade do que nos museus, de admirar a beleza das obras da natureza, nota-se que a inteligência dos mecanismos da vida e dos ecossistemas é impressionante – e essa ecologia circular insistirá constantemente, indo de encontro à moral verde dos fundamentalistas, no fato de que em termos de transição ecológica não é a ética da culpa e do castigo que deve nos guiar, mas a compreensão de processos complexos cujos desempenhos não são apenas admiráveis, mas, no sentido próprio do termo, imitáveis.

Eis agora, em alguns traços característicos, uma apresentação do "tipo ideal" da economia circular.

5 Jean Staune, *Les clés du futur* (prefácio de Jacques Attali), Plon, 2015, p. 485.

1. Uma crítica radical aos princípios das primeiras Revoluções Industriais

Para começar, direi que essa economia não facilita as coisas. Longe de negar as realidades por vezes desastrosas dos impactos humanos na natureza, em particular os danos das primeiras Revoluções Industriais ao meio ambiente, ela lamenta a erosão da biodiversidade, o desaparecimento das espécies, a mudança climática ou a poluição das terras e dos mares. Não estamos nos dando aqui um ponto de partida cômodo, uma constatação suavizada ou cética, muito pelo contrário. A economia circular desenvolve até mesmo uma crítica ainda mais radical, porque menos "convencional" que a dos adeptos do decrescimento, à forma como as primeiras Revoluções Industriais engendraram uma sociedade que os defensores dessa nova economia comparam simplesmente ao *Titanic*.[6]

O capitalismo moderno apoiou-se por um tempo longo demais no uso desarrazoado das energias "brutais", em uma exigência de produção tolamente rentabilista: no começo, tratava-se de produzir o máximo possível da maneira mais barata possível a fim de satisfazer o maior número de clientes possível e o mais rapidamente possível, o que jamais permitiu levar em conta o longo prazo. O defeito supremo das primeiras Revoluções Industriais foi pensar os processos de produção em termos lineares, nunca circulares, indo sempre do "berço ao túmulo", nunca do "berço ao berço", como se o esgotamento dos recursos pudesse durar para sempre, como se, sem uma reciclagem inteligente e pensada a montante de qualquer produção, pudéssemos destruir, desperdiçar e poluir infinitamente.[7]

---

6 Braungart e McDonough, *op. cit.*, p. 38: "O *Titanic* não é apenas um produto da Revolução Industrial, mas uma metáfora pertinente da infraestrutura industrial gerada por essa revolução. Como o famoso navio, essa infraestrutura funciona graças a fontes de energia brutais e artificiais que esgotam o meio ambiente. Ela espalha resíduos na água e fumaça no ar e gostaria de estabelecer suas próprias regras, que são contrárias às da natureza. Embora pareça invencível, as falhas fundamentais em sua elaboração pressagiam tragédias e futuros desastres".

7 *Ibidem*, pp. 48-49: "Tente imaginar o que você poderia encontrar hoje em um aterro sanitário clássico: móveis velhos, papel de parede, tapetes, computadores, aparelhos de televisão, telefones, sapatos, roupas, produtos complexos, embalagens

No entanto, como observam com perspicácia McDonough e Braungart, os industriais que foram os atores dessas primeiras revoluções, a do vapor e da eletricidade, evidentemente não quiseram explicitamente os desastres ambientais que engendraram. Eles não visavam o mal como tal. Simplesmente, suas normas não davam a mínima importância para isso, elas não levavam em conta a questão da proteção da natureza, e não o faziam porque no século XIX as mentes, ainda dominadas pelo sentimento falacioso, mas infelizmente compartilhado, de que esses recursos naturais são ilimitados, estavam ocupadas com outras coisas. As primeiras Revoluções Industriais responderam, portanto, a imperativos que, na época, pareciam "progressistas", a objetivos de conforto e de bem-estar cujos efeitos, vistos da perspectiva atual, nos parecem com toda razão insensatos: pensava-se que, para se desenvolver, era necessário implementar um sistema de produção devastador para o planeta, o que, diga-se de passagem, alimenta e justifica ainda em parte as críticas dos defensores do decrescimento ao produtivismo.[8] É chegada a hora de mudar de paradigma, e, para isso, é evidentemente do lado dos industriais e dos comerciantes que a conscientização deve ocorrer.[9] Mas é preciso lhes oferecer algo diferente de um decresci-

---

plásticas, materiais orgânicos. Infelizmente, todas essas coisas são empilhadas em um aterro sanitário, onde suas qualidades são desperdiçadas. Elas são os produtos finais de um sistema industrial concebido segundo um modelo linear e de mão única, do "berço ao túmulo". [...] As elaborações do "berço ao túmulo" dominam a fabricação moderna. Segundo certos balanços, mais de 90% dos materiais extraídos para a produção de bens duráveis nos Estados Unidos são quase imediatamente jogados fora...". Ver, sobre o mesmo tema (a crítica aos danos da Revolução Industrial), pp. 43, 53, 55, 56, 65 etc.

8 Com efeito, para se desenvolver era preciso implementar "um sistema de produção que lança anualmente toneladas de substâncias tóxicas no ar, na água e no solo, que produz materiais tão perigosos que exigirão uma vigilância constante por parte das gerações futuras, que gera quantidades gigantescas de resíduos, cria a prosperidade arrancando e abatendo recursos naturais antes de enterrá-los ou de queimá-los, que reduz a diversidade das espécies e das práticas culturais..." etc. Como podemos ver, essa passagem do livro de McDonough e Braungart poderia facilmente ser coassinada por todos os anticapitalistas defensores do decrescimento.

9 "Em algum momento, um fabricante ou um projetista pensará: 'Não podemos continuar assim, não podemos continuar apoiando e deixando esse sistema vigorar'. Em algum momento, eles vão querer deixar um legado do qual se orgulhem.

mento que ninguém quer, nem os industriais, nem os comerciantes, nem os povos, nem os políticos...

2. Guardiões e comerciantes. Não colocar os primeiros contra os segundos, e vice-versa

Se acreditarmos na tese defendida por uma filósofa americana em um livro intitulado *Systèmes de survie. Dialogue sur les fondements moraux du commerce et de la politique* [Sistemas de sobrevivência: um diálogo sobre os fundamentos morais do comércio e da política],[10] em nossas sociedades democráticas, o mundo dos tomadores de decisões divide-se finalmente em dois grupos principais: o dos "guardiões", de um lado, e o dos comerciantes, do outro. O mundo dos guardiões se encarna em governos que devem agir com seriedade (pelo menos em princípio), estabelecer regras de interesse geral sem ceder aos interesses particulares, à influência do mundo do dinheiro, das trocas de valores e de mercadorias – portanto, aos *lobbies* comerciais. De qualquer forma, é isso que os governos devem fazer. Eles agem, em geral, com muita lentidão, o que contrasta com a rapidez do imediatismo que domina a vida midiática. Do outro lado, para não dizer do lado oposto, está o mundo industrial, o dos comerciantes, das empresas e, portanto, dos interesses particulares e da sociedade civil. Os capitalistas estão evidentemente neste segundo lado, os ecologistas no primeiro, o qual eles tentam influenciar quando não estão no poder.

Ora, esses dois mundos estão constantemente em conflito, e seus conflitos dão origem a numerosos efeitos perversos como as deslocalizações, muitas vezes engendradas mecanicamente por legislações excessivamente rígidas que vão produzir no plano ecológico o efeito contrário ao pretendido pelos guardiões: se os guardiões

---

Quando essa conscientização ocorrerá? Afirmamos que este famoso momento chegou e que a negligência não está mais na ordem do dia."

10 Jane Jacobs, *Systèmes de survie. Dialogue sur les fondements moraux du commerce et de la politique*, Boréal, 1995.

estabelecem normas ambientais rigorosas demais, regras que obrigam os comerciantes a reduzir suas margens, estes tenderão a deslocalizar sua produção para procurar em outros lugares condições financeiras mais favoráveis, em países onde a proteção ambiental é muito menos rigorosa, o que no plano ecológico será muitas vezes desastroso, uma vez que, agindo assim, eles escaparão aos regulamentos que deveriam respeitar.

Poderemos sempre nos colocar no plano moral para criticar as deslocalizações, mas em um mundo de competição globalizada, é bem pouco provável que a moral baste para frear mecanismos quase automáticos desse tipo, menos ainda para interrompê-los. O papel do Estado é, portanto, conciliar ecologistas e comerciantes, envolvendo todos os setores industriais no projeto. Como conseguir isso? Simplesmente mostrando que uma economia circular pode ser infinitamente mais inteligente, e portanto mais rentável, que uma rentabilismo bestial, praticando, portanto, exatamente o oposto de uma política de decrescimento que os industriais e os povos não podem aceitar.[11]

3. Reciclagem, subciclagem e superciclagem: por que o descartável não é necessariamente um mal em si, e a propriedade dos serviços às vezes é preferível à dos bens

A noção de "reciclagem", como já ficou claro, está evidentemente no cerne do projeto da economia circular. É evidente que a maioria das críticas se concentra nas imperfeições da reciclagem "comum",

11 Cf. Braungart e McDonough, *Cradle to cradle*, *op. cit.*, p. 108: "A convicção dos representantes da empresa segundo a qual o comércio é feito para se perpetuar e buscar o crescimento a fim de se manter os colocou contra os ecologistas, para os quais a expansão comercial significa um aumento da extensão urbana, a devastação das florestas antigas, de vastidões e de espécies selvagens e mais poluição. [...] Seu desejo por um cenário sem crescimento contraria evidentemente os atores comerciais. [...] A chave não é tornar as indústrias e os sistemas menores, como defendem os advogados da eficácia, mas concebê-los para que se bonifiquem crescendo".

pouco sofisticada. Geralmente consistem em enfatizar que a reciclagem nunca é perfeita, que necessariamente sempre há uma perda maior ou menor na linha.[12] É justamente para responder a esse tipo de objeções superficiais que o projeto C2C propõe distinguir entre três formas de circularidade: a reciclagem comum, a subciclagem e a superciclagem. No plano técnico, se nos aprofundarmos um pouco, este é sem sombra de dúvida o ponto decisivo: para poder reciclar indefinidamente, não basta pegar produtos malfeitos e mal projetados para remover alguns elementos que serão usados na fabricação de outros produtos de qualidade inferior. É preciso repensar completamente a fabricação dos objetos que teremos de reciclar. Ora, essa problemática ainda não é seriamente levada em conta no mundo industrial atual, mesmo quando ele alega "reciclar": por exemplo, recuperam-se os elementos de aço ou de plástico de um carro, eles são misturados sem cuidado e com eles fabricam-se subprodutos de qualidade inferior, o que evidentemente acaba limitando muito rapidamente o ciclo das reciclagens, que, de queda em queda de qualidade, vai se esgotando. Para falar a verdade, isso não é reciclagem, e, sim, o que os autores do projeto C2C chamam de "subciclagem".

---

12 É, por exemplo, esse tipo de crítica que Philippe Bihouix, em seu livro intitulado *Le bonheur était pour demain* [A felicidade era para amanhã] (Seuil, 2019), opõe à economia circular: "Mesmo reciclando o máximo possível, há sempre perdas e será preciso continuar a cavar para aumentar o estoque em circulação ou simplesmente para manter todas as nossas infraestruturas e edifícios em boas condições: pedreiras para agregados, locais de extração de areia, explorações de gipso para o gesso ou de caulim para o papel, minas de metais. Para alimentar a caldeira do crescimento, devemos cavar, extrair cada vez mais toneladas, cada vez mais fundo, com meios cada vez mais poderosos". O problema é que Bihouix não cita nem "Um manifesto ecomodernista", nem os livros de McDonough, de Braungart ou de Pauli, cujo conteúdo ele claramente ignora, em particular o ponto essencial que incide precisamente sobre a diferença entre a subciclagem (que Bihouix critica, e com razão) e a superciclagem, sobre a qual ele não diz uma palavra. Ele toma como modelo de economia circular o trabalho da Ademe (Agence de l'Environnement et de la Maîtrise de l'Énergie [Agência do Meio Ambiente e da Gestão da Energia]), que, no entanto, quase não tem relação alguma com aquilo que nossos dois autores apresentam em seu livro infinitamente mais coerente e poderoso.

O que eles propõem é caminhar na direção da "superciclagem", em outras palavras, na direção de uma reciclagem tão bem pensada a montante da fabricação que ela seria potencialmente indefinida. Retomemos o exemplo do automóvel. Eis o que McDonough e Braungart dizem:

> Atualmente, quando um veículo é dispensado, suas peças de aço são recicladas todas juntas, pouco importando a qualidade dos vários aços amalgamados. O automóvel é comprimido, depois transformado, o aço altamente dúctil e puro da carroceria fundido com os demais fragmentos de aço e de materiais, comprometendo assim sua qualidade original e limitando consideravelmente seu uso futuro.

É possível objetar que, se os construtores procedem assim, não é porque têm, como se diz, "má índole", mas porque fazer de outra forma levaria mais tempo, custaria mais e, portanto, seria menos rentável.

A resposta a essa objeção, que *a priori* parece legítima, pode ser dupla. Primeiro, seria necessário que o motorista que deseja um carro novo comprasse não a propriedade dos ingredientes, mas apenas a do serviço ou do uso, por exemplo, um carro para 100 mil quilômetros. Em seguida, os ingredientes do veículo deveriam ser pensados desde o início para serem "super-reciclados" e não "sub-reciclados", o que, nessa perspectiva, também permitiria não mais estigmatizar a obsolescência programada, nem o consumo como tal, como a ecologia punitiva constantemente faz:

> Conceber produtos como produtos de serviço implica fabricá-los tendo em vista sua desmontagem. A indústria não precisa criar objetos mais duráveis que o necessário, assim como a natureza não o faz. A durabilidade de muitos produtos comuns pode até ser vista como uma espécie de tirania intergeracional. Podemos querer que nossos objetos durem para sempre, mas as gerações futuras talvez não. [...] A vantagem de tal sistema seria tripla assim que ele fosse totalmente implementado: não geraria

> resíduos inúteis e possivelmente perigosos; permitiria aos fabricantes economizar bilhões de dólares ao longo do tempo em materiais valiosos; "nutrientes técnicos" circulariam permanentemente, reduzindo assim a extração de substâncias brutas, bem como de produtos petroquímicos e também a fabricação de materiais potencialmente nocivos...

Em outras palavras, que são as de nossos dois autores, não se trata de se contentar com uma simples "ecoeficiência", ou seja, ser um pouco menos nocivo na destruição dos ingredientes, mas de ser absolutamente excelente, isto é, ir na direção do que eles chamam de, usando a parábola da cerejeira, "ecobeneficência".

Vamos ver do que se trata.

4. Ecobeneficência *versus* ecoeficiência. Da ecologia moralizadora à ecologia da inteligência

Em vez de estigmatizar os comerciantes que exercem sua profissão em um mundo difícil e do qual nenhum de nós, aliás, pode prescindir, é melhor propor-lhes outro modelo, um modelo que não seja punitivo, fator de queda da rentabilidade para eles e de queda de consumo para seus clientes, mas que, ao contrário, seria mais inteligente e mais rentável que o tolamente "produtivista" das primeiras Revoluções Industriais. Pois os comerciantes e os empresários, ao contrário do que afirma ou dá a entender a ideologia anticapitalista que anima a maioria das correntes do decrescimento, não são calhordas: se prejudicam o meio ambiente, não é ou não é apenas para ganhar mais dinheiro, como querem os moralistas de meia-tigela, mas principalmente por razões de mera sobrevivência em relação à concorrência.[13] Conforme escrevem acertadamente

13 Braungart e McDonough, *op. cit.* "Os industriais, os engenheiros, os projetistas e os desenvolvedores do passado (das primeiras Revoluções Industriais) não buscavam causar efeitos devastadores, e aqueles que perpetuam esses paradigmas hoje não ambicionam devastar o mundo. Os resíduos, a poluição, os produtos vulgares e outros efeitos negativos que descrevemos anteriormente não são obra de empresas

nossos dois autores: dado que qualquer retorno ao passado é de todo modo impossível, o que agora precisamos é de uma grande inteligência na concepção da produção capitalista.[14] Ao ideal de eficácia, é inútil, inoperante e, para ser honesto, absurdo opor tolamente uma moral da ineficácia que ninguém quer. Como escrevem uma vez mais nossos dois autores contra os ecologistas do decrescimento:

> Quando se fala em "salvar o planeta", faz-se desse problema uma questão ética. E não acho que ele será resolvido considerando-o dessa maneira. Em algum momento, todo mundo faz algo errado. Quando estamos estressados ou nos sentimos em perigo ou simplesmente com fome, podemos cometer erros lamentáveis. William e eu queremos debater questões como o efeito estufa do ponto de vista prático, do ponto de vista do "não sejamos estúpidos" em vez de "vamos nos comportar eticamente" [...]. Não faça disso um problema ético, e, sim, uma questão de qualidade de vida.

Contra a falsa eficácia destrutiva dos industriais à moda antiga, defender, como faz a maioria dos ecologistas, uma eficácia moralizadora (a "ecoeficácia") tem pouquíssimo efeito, de modo que é crucial distinguir claramente as duas noções, a de "ecobeneficência" e a de "ecoeficácia".

---

comerciais que deliberadamente se colocariam do lado do mal. São simplesmente a consequência de uma elaboração ultrapassada e desprovida de inteligência que perpetua o que chamamos de tirania intergeracional, aquela dos efeitos de nossas ações atuais sobre as gerações futuras".

14 *Ibidem*, p. 65: "Poderia parecer tentador procurar voltar no tempo. No entanto, a próxima Revolução Industrial não buscará retornar a um estado pré-industrial no qual, por exemplo, todos os têxteis são fabricados com fibras naturais. [...] Os materiais naturais capazes de atender às necessidades de nossa população atual não existem e não podem existir. Se bilhões de pessoas quisessem *jeans* feitos de fibras naturais, tingidos com corantes naturais, seriam necessários milhões de hectares dedicados apenas ao cultivo do índigo e do algodão [...] sem falar que os produtos naturais não são necessariamente saudáveis [...] e que o índigo contém elementos mutagênicos".

> Nosso conceito de ecobeneficência busca trabalhar nas coisas boas, nos produtos, nos serviços e nos sistemas adequados, em vez de tornar as coisas ruins menos prejudiciais. [...] Se a natureza aderisse ao modelo humano de eficácia, haveria menos flores de cerejeiras e, portanto, menos nutrientes, menos árvores, menos oxigênio e menos água limpa, menos cantos de pássaros, menos diversidade, criatividade e alegria. A ideia de uma natureza eficaz, desmaterializada, que não deixasse dejetos, é grotesca. Tente então imaginar um ambiente com resíduos zero e emissões zero! O que é magnífico com os sistemas benéficos é que todos querem mais, não menos![15]

Visar apenas à ecoeficácia, como propõem os ecologistas do decrescimento, não só é contrário à lógica exuberante da natureza (da cerejeira), bem como conduz inevitavelmente a uma oposição brutal entre guardiões e comerciantes.[16] É isso, precisamente, que é vital superar, e a formulação de seu projeto ecológico por Braungart e McDonough soa como uma resposta contundente aos adeptos do decrescimento e aos colapsologistas:

> A destruição ambiental é um sistema complexo. [...] Podemos reagir como nossos ancestrais, de maneira automática, com terror e culpa, e isso para limpar nosso próprio nome, o que o movimento da ecoeficácia incentiva, com suas exortações a consumir menos e a produzir minimizando, evitando, reduzindo e sacrificando. Como membros de uma espécie culpada de sobrecarregar o planeta, deveríamos restringir nossa presença, nossos sistemas,

---

15 *Ibidem*, p. 107.

16 *Ibidem*: "A convicção dos representantes da empresa segundo a qual o comércio é feito para se perpetuar e buscar o crescimento a fim de se manter os colocou contra os ecologistas, para quem a expansão comercial significa um aumento da extensão urbana, a devastação de florestas antigas, de vastidões e de espécies selvagens e mais poluição e intoxicações responsáveis pelo aquecimento do planeta. [...] O desejo de um cenário sem crescimento contraria evidentemente os atores comerciais. [...] O conflito entre a natureza e a indústria dá a impressão de que os valores de um sistema devem ser sacrificados ao outro".

> nossas atividades, nossa população, em suma, tornar-nos invisíveis. Aqueles que consideram a superpopulação como a raiz do mal geralmente avaliam que as pessoas não deveriam mais ter filhos. O objetivo a ser alcançado é então zero: desperdício zero, emissão zero, pegada ecológica zero. Enquanto os humanos forem considerados "nocivos", o zero permanecerá um tapa-buraco conveniente. Mas ser menos nocivos é aceitar as coisas como elas são, é pensar que os homens só podem construir sistemas mal concebidos, desonrosos e destrutivos. É uma falta absoluta de imaginação, o fracasso final da abordagem "ser menos nocivo". De nosso ponto de vista, essa é uma visão deprimente do papel de nossa espécie neste mundo. Então por que não considerar um modelo totalmente diferente? E o que significaria então ser 100% bom?[17]

Seria tomar como modelo a cerejeira sempre que possível, visar à ecobeneficência mais que a uma ecoeficácia que na verdade é muito pouco eficaz, como reconhecem com um suspiro os adeptos do decrescimento, que sabem, bem no fundo, que suas medidas punitivas são inaplicáveis. Se o projeto da economia circular pode dar certo, se não é uma utopia, é porque em vez de custar, de reduzir e de punir, ele traz dinheiro, bem-estar e embeleza o mundo. Ser "100% bom" seria, portanto, praticar a superciclagem em larga escala, o que supõe afinal pouca admoestação moral, mas por sua vez muita inteligência, pois isso significaria também acabar com a fabricação de "produtos burros".

5. O fim dos "produtos burros"

Braungart, químico de formação e de profissão, conta como identificou nada menos que 32 produtos químicos tóxicos na composição

---

17 *Ibidem*, p. 94.

de um gel de banho,[18] sendo o mais cômico (ou o mais trágico...) que uma parte importante desses ingredientes nocivos está ali simplesmente para corrigir a nocividade de outro, um poluente sendo adicionado ao produto final para combater outro poluente! No livro já citado, Jean Staune menciona o caso de um biscoito que contém

> 24 adoçantes, estabilizantes etc. em sua fórmula. Querendo ser modernos, adicionamos produtos que não só são desnecessários, como também são tóxicos e encarecem o produto que eles compõem! Percorra as prateleiras de um supermercado e olhe para os produtos domésticos, refeições prontas, refrigerantes e perceba então que cada um desses produtos terá de ser repensado do começo ao fim e sua composição em grande parte modificada. Isso levará muito tempo e não acontecerá sem protestos por parte de vários *lobbies*.

No mesmo sentido, o livro de Braungart e de McDonough está repleto de exemplos concretos desses "produtos burros", cuja fabricação deve ser repensada e modificada de A a Z em benefício de produtos inteligentes, como embalagens que poderão ser jogadas na natureza porque, em vez de poluir, contribuirão, ainda no famoso modelo da cerejeira, para enriquecê-la. Eles mostram, assim, como dessa nova perspectiva a prática usual da incineração dos resíduos é uma estupidez monstruosa, pois não só polui enorme-

18 A anedota é relatada e comentada com precisão por Jean Staune em seu livro *Les clés du futur* [As chaves do futuro], Fayard/Pluriel, 2018, pp. 487-488. Ele acrescenta como ilustração do projeto C2C: "O sapato ideal de amanhã é um sapato que pode ser jogado em qualquer lugar da natureza, pois além de não conter produtos tóxicos, ele poderá contribuir, dada sua composição, na adubação das plantas do entorno. [...] Podemos também conceber embalagens que, ao se degradarem, possam servir de adubo e que também poderiam conter sementes prontas para o desenvolvimento de plantas ou de árvores evidentemente adaptadas ao ambiente natural do país em que essas embalagens serão utilizadas".

mente como destrói valor, o que, diga-se de passagem, é o cúmulo da idiotice.[19]

6. Crescimento infinito, poluição zero: contra a heurística do medo que leva ao decrescimento para "salvar o planeta"

> Crescer sem limites... e sem poluir! Não queremos minimizar os resíduos (com base no modelo da ecoeficiência), queremos eliminar o conceito de resíduo (com base no modelo da ecobeneficência). Acreditamos que tudo, desde veículos e computadores até centros urbanos, pode ser projetado de forma a nunca poluir... Como sabemos, na natureza não existem latas de lixo. A vida nunca para, e qualquer resíduo é alimento e energia para um outro.

É assim que McDonough, em uma entrevista de 2002 a Jim Fuller,[20] define positivamente o projeto C2C. Em geral, a paixão que anima a ecologia é o medo. Ele é até mesmo reivindicado como sentimento útil e positivo pelos pais fundadores da ecologia do decrescimento, como Hans Jonas, que fala sobre esse assunto como "heurística do medo".

Já faz cerca de cinquenta anos que assistimos, com efeito, a uma verdadeira proliferação dos temores, enquanto a ecologia política ganhava terreno. Para dizer a verdade, agora temos medo de tudo: sexo, álcool, tabaco, vírus, velocidade, transgênicos, aquecimento climático, buraco na camada de ozônio, incêndios, tempestades, nanotecnologias, micro-ondas, 5G, globalização, torres de celular, comida pouco saudável e mil coisas ainda mais abomináveis. Os filmes ecocatastróficos, desde os de Al Gore, que as telas nos impõem continuamente são um testemunho infeliz de como é bem real o

---

19 Veja Braungart e McDonough, *op. cit.*, pp. 22, 60, 61, 62 etc.: "Não se trata de reduzir os resíduos no sentido clássico do termo, mas de considerar todo resíduo como um recurso, o que torna a ideia de queimá-los duplamente absurda, pois estamos destruindo valor enquanto poluímos a atmosfera".
20 E citada no livro de Jean Staune, *op. cit.*

enorme crescimento dessa paixão triste. E mais: tudo se passa como se à sua exponencial extensão viesse se juntar uma insidiosa desculpabilização do medo, outrora ainda considerado um sentimento bastante miserável e infantil. Ainda na minha infância, na escola e em casa, a mensagem que os adultos tentavam transmitir era a mesma da filosofia desde a aurora dos tempos: o medo é mau conselheiro. Tornar-se uma "pessoa grande", para falar como o Pequeno Príncipe de Saint-Exupéry, é sobretudo ter coragem de enfrentar a escuridão, vencer o medo do escuro, conseguir um dia deixar os pais para descobrir o mundo, ou mesmo socorrer uma pessoa frágil agredida no trem ou no metrô. Não estávamos necessariamente à altura, mas ao menos tentávamos chegar lá, e a isso nos incentivavam constantemente.

Hoje, sob o efeito das ideologias ecologistas e pacifistas oriundas principalmente do norte da Europa e dos países protestantes (penso em particular no patético "*Lieber rot als tod!*" – "Antes vermelho que morto!" – dos verdes alemães), o medo mudou de estatuto. Não é mais considerado sinal de infantilidade, mas, ao contrário, como o primeiro passo para a sabedoria entendida no sentido do princípio de precaução. Em *Le principe responsabilité* [O princípio responsabilidade], o livro de Hans Jonas que serviu de bíblia aos ecologistas alemães, há um capítulo significativamente intitulado "Heurística do medo": esta nos é apresentada como aquilo que nos permite "descobrir" (esse é o significado do verbo grego *heuriskô*) as ameaças que pesam sobre o mundo, sobre o meio ambiente e também sobre a geopolítica, portanto como elemento salutar de conscientização. Para um filósofo grego, essa ideia teria parecido grotesca, já que o ser humano tomado pela angústia é o oposto do sábio. O medo nos torna tolos e maus, incapazes de pensar livremente e de nos abrir aos outros. Basta ver como ficamos quando uma pequena fobia se apodera de nós, a de um inseto, de um inofensivo réptil, de um elevador em pane, de um inocente camundongo... Sejamos claros: o camundongo mata pouquíssimo a cada ano, mas quando a fobia nos pega nada adianta, ficamos, por assim dizer, "encurralados", qualquer reflexão sensata desaparece para dar lugar à estupidez e ao ensimesmamento. O sábio é exatamente o oposto. É aquele que, tendo vencido, como Ulisses, seus medos, encontra-se em condições de pensar e de amar livremente, capaz de inteligência e de abertura aos outros.

É essa mensagem que nossas sociedades ocidentais não apenas esqueceram, mas também inverteram sob o efeito dos golpes violentos desferidos pelos fundamentalistas verdes sobre o aquecimento climático, a suposta periculosidade dos transgênicos, do gás de xisto ou da energia nuclear. A inclusão do princípio de precaução na Constituição é, infelizmente, o símbolo de uma sociedade que pouco a pouco cede à ideologia funesta do risco zero. Como se o medo devesse agora figurar no frontão dos edifícios públicos, no alto de nossa carta republicana. Com muita inteligência, C2C desconstrói o elo que une a noção de medo à noção de decrescimento:

> O *Cradle to cradle* vai além do habitual refrão ambiental negativo sobre o crescimento, um refrão segundo o qual deveríamos negar a nós mesmos os prazeres oferecidos por objetos como carros ou sapatos. O C2C é um pouco como a boa jardinagem. Ele não procura "salvar o planeta", mas aprender a prosperar nele. Gostaria de transformar os ansiosos do mundo todo em pessoas conscientes do fato de que não poderemos reconstruir nosso meio ambiente se estivermos angustiados.[21]

Não é jogando com as paixões tristes, com o medo e a culpa que vamos mobilizar as pessoas em relação ao meio ambiente, muito menos fazendo-lhes promessas de decrescimento, de desconsumo, de perda de liberdade e de poder de compra. Teremos uma chance de conseguir isso mostrando, ao contrário, de forma positiva que a preocupação com o meio ambiente pode ser economicamente rentável, que um crescimento infinito é possível em um mundo finito desde que seja afinal inteligente – o que supõe que à sociedade civil liberal somamos um Estado poderoso, capaz de orientar as indústrias na direção do interesse geral.

---

21 Veja Braungart e McDonough, *op. cit.*, pp. 21, 22, 29, 70, 71, 72 etc.

7. Reorganizar a cidade e seus edifícios: mais uma tarefa para um Estado guia de sua sociedade civil

Nossas cidades antigas, que foram construídas em uma época em que as questões de ecologia, de demografia e de mobilidade não eram evidentemente o que são hoje, oferecem uma organização agora, literalmente, insensata: há a região onde trabalhamos (por exemplo, em Paris, o distrito de La Défense, que recebe diariamente 100 mil funcionários de toda a Île-de-France, o que representa em termos de tempo e de poluições diversas um custo ambiental, humano e financeiro colossal); depois vem a região onde vamos fazer compras (por exemplo, na região parisiense, os grandes centros comerciais como Vélizy 2 ou Parly 2); depois a região onde moramos, cujo exemplo mais singular e desolador são os intermináveis conjuntos residenciais que cercam as grandes cidades americanas; a região onde os filhos fazem seus estudos nos estabelecimentos escolares; a região onde vamos nos divertir sair à noite etc. No total, são milhões de horas perdidas em transportes muitas vezes desconfortáveis, bilhões de quilômetros percorridos todos os anos em vão, simplesmente porque as cidades foram projetadas (se é que o foram) em uma época em que não se previam nem o aumento da população nem as necessidades do trabalho moderno em termos de mobilidade.

Como explica Carlos Moreno,[22] arquiteto urbanista franco-colombiano, professor-associado da Sorbonne, um dos inventores dos conceitos de "cidade inteligente" e de "cidade de 15 minutos":

> Concebi a matriz da alta qualidade de vida em sociedade que reúne seis funções sociais, urbanas e territoriais essenciais: morar com dignidade, trabalhar, produzir com dignidade, poder acessar o próprio bem-estar, abastecer-se, aprender, realizar-se. Segundo minhas pesquisas, quanto mais nos aproximamos de um perímetro de 15 minutos para essas seis funções sociais, mais geramos bem-estar urbano para os habitantes, pois 15 minutos é uma es-

22 Em uma entrevista dada à revista *La Lettre du Cadre* em fevereiro de 2020.

cala de tempo que permite, com uma mobilidade ativa, ou seja, a pé ou de bicicleta, estar a 15 minutos das seis funções urbanas.

Podemos dizer que realizar esse objetivo seria mais fácil se partíssemos do zero, portanto para cidades novas, mas que nas cidades antigas o projeto parece difícil de realizar... a menos que colocássemos um pouco de imaginação no poder e aceitássemos, como recomenda Carlos Moreno,

> quebrar nossos códigos, parar de dar respostas às necessidades pela engenharia, mas observando mais os estilos de vida das pessoas para lhes oferecer soluções adequadas. Muitos recursos da cidade são muitas vezes mal ou subutilizados. Escolas, conservatórios, ginásios poderiam receber outras funções além de sua função primária, mas também é o caso para locais privados como discotecas que não servem para nada durante o dia.

Acrescentaremos que a cidade dos 15 minutos não só poupará tempo, dinheiro, deslocamentos, portanto poluições diversas e gases de efeito de estufa, mas, além disso, em vez de organizar voluntariamente obstáculos para dissuadir os usuários de se deslocarem de automóvel como é feito sistematicamente em Paris, o uso da inteligência artificial poderá e deverá finalmente ser generalizado para otimizar a mobilidade urbana. A invenção de micro-ônibus elétricos autônomos completará esse quadro de uma cidade ao mesmo tempo mais inteligente, mais limpa e infinitamente mais agradável de se viver.

Braungart e McDonough afirmam que melhorias semelhantes também precisarão ser feitas no projeto dos edifícios, que poderiam ser construídos de maneira muito diferente de acordo com seu entorno, a fim de serem mais bem-adaptados. Por exemplo, em uma região fria, as aberturas de ventilação deveriam estar voltadas para o sul para captar o máximo de luz solar, enquanto nas regiões quentes deveriam estar voltadas para o norte, o que reduziria a necessidade de ar-condicionado e de aquecimento. Braungart e

McDonough, e lembro que este último é arquiteto, dão o exemplo do que chamam de "telhado perfeito":

> Ele se constitui de uma fina camada de terra, uma matriz em pleno crescimento inteiramente coberta de plantas que mantêm o telhado a uma temperatura constante, resfriando o edifício por evaporação no tempo quente, isolando-o no clima frio e protegendo-o dos raios destrutivos do sol. [...] Além disso, ele fabrica oxigênio, isola o carbono, captura partículas como fuligem e absorve a água de chuva. Mas isso não é tudo: esse telhado é muito mais bonito que o asfalto bruto... Em locais adequados, ele pode até ser equipado para produzir eletricidade solar.

Esse telhado, portanto, não é apenas bonito, é rentável porque é análogo à nossa famosa cerejeira, na medida em que permite que os habitantes do edifício recoberto por ele economizem dinheiro. Evidentemente, não se trata de instalá-lo em edifícios históricos ou no coração da cidade, mas de pensar em sua instalação sistemática sempre que possível.

8. Ter filhos, cuidar dos doentes, mesmo dos mais velhos!

Desde que as populações estejam bem integradas a ele, e pelos diferentes motivos que acabamos de desenvolver, a partir do momento em que o projeto C2C, associado ao programa ecomodernista, fosse implementado, uma redução maciça da população seria tão desastrosa como a das cerejas de nossa cerejeira. Não há necessidade alguma nessas condições de esterilizar maciçamente as populações, como queria Ehrlich, nem de evitar ter filhos ou deixar os velhos morrerem sem tratá-los, como recomendado por Jancovici, e isso também porque as últimas previsões da ONU que mencionamos no primeiro capítulo não são particularmente alarmantes.

Os críticos ao ecomodernismo e à economia circular

Como se poderia esperar, os partidários do decrescimento não apreciam nem o ecomodernismo nem a economia circular. A estrutura de suas críticas é sempre a mesma: é bom, e às vezes até muito bom, provavelmente está na direção certa, mas esses dois projetos são como o desenvolvimento sustentável e o crescimento verde: se calcularmos, não está no nível do problema e, além disso, é difícil de implementar, pois em um primeiro momento a economia circular custará caro aos industriais. O problema é que é exatamente o contrário: a principal virtude dessa nova concepção da economia é que, longe de penalizar a empresa, ela permite economizar dinheiro. Isso é precisamente o que pode torná-la desejável para os "comerciantes", desde que sejam dotados de inteligência e que os "guardiães" ajam de modo a apresentar corretamente e favorecer o projeto, porque aqui, e isto é o essencial, a moral e o interesse se unem em vez de se afastarem, até mesmo de se oporem radicalmente como em todas as formas de decrescimento.

Quanto à objeção que consiste em dizer que, mesmo praticando a dissociação e a economia circular, os resultados seriam insuficientes para "salvar o planeta", responderemos que tudo depende do objetivo almejado. Se se tratasse de refletir como se a história parasse hoje, que mais nenhum progresso científico e técnico fosse possível, os adeptos do decrescimento talvez tivessem razão. Mas o argumento segundo o qual não podemos apostar em eventuais avanços das ciências e das técnicas para resolver as questões de biodiversidade, de energia e de aquecimento é reversível: toda a história do século XX mostra que as inovações mais disruptivas são pouco previsíveis. Se em 1920 tivéssemos pedido a um engenheiro que nos falasse sobre o digital, a *web*, a conquista espacial, a inteligência artificial, nossos GPS ou mesmo a estrutura da dupla hélice do DNA, descoberta por Watson e Crick em 1953, o que ele poderia ter dito? Para tomar apenas este exemplo, mas que é relevante neste debate, pensar que conseguiremos dominar a fusão nuclear nada tem de absurdo.

Como ministro da Pesquisa, defendi e incentivei o projeto Iter (International Thermonuclear Experimental Reactor) instalado em Cadarache. Tudo indica que ele estará pronto antes dos anos 2050, a fusão nuclear permitindo então a toda a humanidade ter energia limpa e não perigosa por milhões e milhões de anos. E mesmo que não seja em 2050, mas em 2070 ou 2090, temos petróleo para pelo menos mais um século, gás e carvão para vários séculos, e se repensarmos nossa produção industrial com base no modelo do ecomodernismo e da economia circular, se desenvolvermos enquanto isso a energia nuclear clássica (fissão), se produzirmos alimentos de outra forma (como veremos no próximo capítulo), se nossos aviões e nossos carros forem limpos, se devolvermos espaço à biodiversidade, temos mais que o suficiente para segurar a barra enquanto esperamos por ajuda! Nesse sentido, o ecomodernismo me parece mais animador, na perspectiva de uma humanidade voltada para a perfectibilidade, para a inovação e o progresso, que o projeto que consiste em se retirar para uma biorregião autogerida (por quem?), ou seja, uma ZAD, organizando um racionamento certamente muito convivial, para aguardar a morte e o fim do mundo na companhia de uma criação de cavalos. Sim, colocar a ciência a serviço da ecologia nada tem de utópico, como mostra o exemplo da carne celular que examinaremos agora.

CAPÍTULO 6

A causa animal

Rumo a uma agricultura celular

Por mais secundária ou até mesmo insignificante que pareça ainda para alguns, a questão do estatuto moral e jurídico do animal nunca deixou de preocupar especialistas, juristas e filósofos desde o início dos tempos. De Plutarco ou Porfírio a Schopenhauer, passando por Montaigne, Maupertuis, Bentham ou Condillac, nunca faltaram filósofos para defender um maior respeito por aqueles que o filósofo e historiador Michelet chamava nossos "irmãos inferiores". Claro que poderíamos aumentar consideravelmente a lista,[1] nos voltar para o Oriente, mencionar os animais sagrados da Índia ou mesmo o respeito que lhes é devido no budismo, e mesmo em certas religiões. Amo os animais, ou, melhor dizendo, detesto que os façam sofrer, sobretudo quando é "à toa", ou mesmo por prazer, uma vez que nem sempre o sadismo está ausente dos rituais de abate, da luta contra os pretensos "perniciosos" e até da caça quando esta perdeu, como é o caso atualmente, seu caráter de necessidade para a vida. Sempre que possível eu os protegi, sempre convivi com eles, com os domésticos em casa porque recolhia gatinhos fadados à morte desde o nascimento, mas também com os selvagens, quando vivia no campo e salvava pássaros, ratos-do-mato, musaranhos ou às vezes filhotes de coelhos das garras de meus gatos.

---

1 Cf. Luc Ferry e Claudine Germé, *Des animaux et des hommes. Une anthologie*, Hachette, 1992.

Parece-me que é difícil, e em todo caso pouco coerente, ter cuidado carinhosamente de um animal doméstico e não ter se convencido de que os outros animais evoluídos (os veganos me perdoem – ou não – por ser pouco sensível ao destino das ostras, dos mosquitos e dos búzios) são não apenas dotados de inteligência, mas também, ao contrário do que afirmava Descartes, de uma afetividade às vezes muito mais desenvolvida que alguns humanistas medíocres se esforçam para acreditar. Que sejam capazes de "experimentar prazer e dor", como dizem os utilitaristas, é uma evidência que salta aos olhos para qualquer um minimamente familiarizado com eles.

Como muitas vezes tive a oportunidade de dizer diante dos criadores, dos dirigentes da FNSEA [Federação Nacional dos Sindicatos dos Exploradores Agrícolas] ou dos industriais do setor agroalimentício, em um país como o nosso, que tem mais de 63 milhões de animais domésticos, a questão do bem-estar animal vai inevitavelmente, agrade ou não, se tornar cada vez mais importante nos próximos anos. Isso ocorrerá na verdade por três séries de motivos que teremos de, *volens nolens*, levar em conta: primeiro por razões de saúde, tendo a OMS (Organização Mundial da Saúde) classificado a carne vermelha, sobretudo a processada (em especial a charcutaria), entre os alimentos potencialmente cancerígenos – uma notícia tão bem veiculada pela imprensa que sem dúvida explica em parte a queda atual do consumo desse tipo de carne em favor das aves. Em seguida, será a preocupação com o meio ambiente que fará a pecuária intensiva ser cada vez mais considerada fator de poluição das águas e dos solos, mas também de emissões de gases de efeito estufa que contribuem para a mudança climática. Por fim, a preocupação com o bem-estar animal continuará a crescer nas democracias modernas, e isso tanto mais porque os vídeos das associações de animais nunca perderão a oportunidade de revelar as condições, com efeito por vezes indescritíveis, nas quais os animais ainda são criados e abatidos em certas pecuárias. É evidente que essas imagens deixam cada vez menos pessoas indiferentes. Aliás, os próprios defensores da agricultura tradicional (extensiva) são obrigados a reconhecer que essas situações são escandalosas.

Claro, eles tentam explicar que são excepcionais, mas infelizmente isso não é verdade, já que mais de 90% da carne consumida no mundo vêm da pecuária industrial intensiva e não de pequenas e agradáveis fazendas de nossos campos à moda antiga (onde, no mais, o abate estava longe, e mesmo muito longe, de ser tão cuidadoso a fim de evitar o sofrimento dos animais quanto afirmam os tradicionalistas).

É preciso ter consciência dessas ondas profundas, e, para isso, é proveitoso conhecer as diferentes posições que marcaram a história do pensamento moderno em relação à questão do estatuto do animal. É claro que vamos falar neste capítulo não apenas dos movimentos mais recentes de defesa dos animais, em particular do veganismo, mas também das promessas que as biotecnologias nos fazem em termos de "agricultura celular" e de "carne sintética".

I. Uma breve história das filosofias do animal

Contudo, antes de abordarmos essas temáticas contemporâneas, é preciso saber que elas são apenas o resultado de uma longa e apaixonante história, ao mesmo tempo científica, filosófica e política. Permita-me, pois, esta breve lembrança das diferentes posições que a marcaram, caso contrário, é difícil, se não impossível, compreender por que e como chegamos a nossos debates de hoje.[2]

---

2 Trata-se de um resumo de trabalhos que publiquei aqui e ali em diferentes livros. Deixo de lado deliberadamente o caso das grandes religiões, a cristã sendo histórica e teologicamente a menos sensível à questão do bem-estar animal. Também não voltarei aqui ao destino dos animais nas sabedorias antigas como o budismo (que se preocupa com eles) ou o estoicismo (que pouco se importa com eles). É, com efeito, na filosofia moderna que o debate sobre os direitos dos animais constituirá o pano de fundo de nossas atitudes atuais e é por isso que paro por aqui.

1. O cartesianismo e os animais-máquinas: o animal não tem nenhum direito e nós não temos nenhum dever por ele

É com Descartes que a "reificação" do animal, sua transformação em mera coisa manipulável e sujeita a uma exploração sem limites, atinge sem nenhuma dúvida seu ápice no pensamento moderno. Segundo o autor das *Meditações*, os animais são apenas autômatos sofisticados, máquinas semelhantes a relógios, incapazes de pensamento como de sentimentos. O animal urra sob o bisturi durante a vivissecção? Seus gritos, afirma Descartes, não têm mais significado que o "timbre de um pêndulo". Com o cartesianismo, encontramos, portanto, o modelo perfeito do antropocentrismo, o arquétipo de um pensamento que concede todos os direitos ao ser humano e nenhum à natureza, inclusive vivente e animal. Há uma razão para isso que não é anedótica nem superficial, mas que está enraizada nas profundezas da filosofia cartesiana. Na época em que Descartes se ocupa com a fundação da ciência baseada no princípio da inércia, ou seja, no mecanismo e na ideia de causalidade, ele tem de lutar contra o animismo que ainda dominava as cosmologias da Idade Média, ele tem de lutar contra a velha ideia de uma "alma do mundo" para pôr fim a essa noção herdada da Antiguidade que ainda reina sobre o pensamento escolástico. Segundo este último, todo o "cosmos" seria um "grande ser vivo", uma entidade harmoniosa, animada e dotada de vida, enfim, uma espécie de imenso organismo animal. É o que no século XVIII ainda era chamado de "hilozoísmo", termo cunhado com base em duas palavras gregas: *hylè*, "matéria" e *zôon*, "animal".

Para Descartes, é preciso, pois, extirpar até suas raízes mais profundas essas noções arcaicas, erradicar as consequências dessas visões animistas da natureza das quais derivam diretamente os princípios absurdos das falsas ciências como a alquimia. Não só a natureza não é animada como também nela não existe nenhuma força oculta, nenhuma entidade invisível que explicaria as metamorfoses do ouro em chumbo ou do homem em lobisomem! O mundo material é sem alma, sem vida e mesmo sem força, inteiramente reduzido apenas às dimensões da extensão e do movimento.

Nenhum mistério, portanto, que seria por direito inacessível à razão humana nessa simples mecânica dos objetos que é o universo.

E o animal, claro, não foge à regra. A prova? Ele não fala, mesmo quando dispõe, como a pega ou o papagaio, da habilidade e dos órgãos que lhe permitiriam fazê-lo. Sua fala, quando existe por *mimese*, por imitação, não é uma linguagem, mas o efeito de uma maquinaria sem alma nem significado, de um artifício semelhante ao de um autômato que toca flauta ou tamborila. Dois critérios distinguem então, segundo Descartes, o ser humano da máquina animal: a linguagem e a razão, como vemos nesta passagem do *Discurso do método* que aqui cito quase na íntegra, pois que vai marcar na França a história de nossa relação com o animal por séculos, para dizer a verdade até hoje:

> É algo bastante notável que não haja homens tão embrutecidos e tão estúpidos, sem excluir até mesmo os insensatos, que não sejam capazes de combinar várias palavras e de com elas compor um discurso por meio do qual façam seus pensamentos serem ouvidos; e que, ao contrário, não há outro animal, tão perfeito e tão bem-nascido, que faça o mesmo. O que não acontece porque lhes faltam órgãos, pois vemos que as pegas e os papagaios podem proferir palavras como nós, mas não podem falar como nós, isto é, testemunhando que pensam no que dizem; ao passo que os homens que, tendo nascido surdos e mudos, são privados dos órgãos que servem aos outros para falar, tanto ou mais que os animais, têm o costume de inventar alguns sinais, pelos quais se fazem compreender por aqueles que, estando geralmente com eles, têm tempo para aprender sua língua. E isso não atesta apenas que os animais têm menos razão que os homens, e, sim, que eles não têm nenhuma. [...] É também algo bastante notável que, embora existam vários animais que mostram mais indústria que nós em algumas de suas ações, vemos, no entanto, que eles não testemunham isso em muitas outras: de modo que o que eles fazem melhor que nós não prova que eles têm espírito; pois sendo assim eles o teriam mais que qualquer um de nós e se sairiam melhor em tudo; mas sim que eles não têm nenhum espírito, e que é a natureza

> que age neles, de acordo com a disposição de seus órgãos: assim como vemos que um relógio, composto apenas de engrenagens e molas, pode contar as horas e medir o tempo, com mais precisão que nós com toda a nossa prudência.

Trata-se aqui de uma tese antropocentrista que encontraremos intacta no cientificismo moderno e contemporâneo, por exemplo, no elogio à vivissecção ao qual Claude Bernard se dedica no seu *Introduction à l'étude de la médecine expérimentale* [Introdução ao estudo da medicina experimental], elogio esse que se apoia na convicção bastante cartesiana de que os animais não têm nem razão nem sentimento e que a ciência autoriza e justifica tudo.[3] Todavia, sem ser um grande erudito, e já no tempo de Descartes, bastava um pouco desse bom senso, que ele acreditava, no entanto, ser a "coisa mais bem compartilhada do mundo", para compreender que os animais podem não só se comunicar como também sofrer. As de

---

3 Ou quase isso, sendo crucial na argumentação de Bernard a oposição entre as "pessoas do mundo" que nada entendem sobre isso e os verdadeiros cientistas: "É preciso necessariamente, portanto, depois de ter dissecado o morto, dissecar o vivo", a exemplo de Galeno, que praticou experiências admiráveis e úteis "que consistem em ferir, destruir ou remover uma parte para julgar seu uso pela perturbação que sua subtração produz. [...] Temos nós o direito de fazer experiências e vivissecções em animais? Quanto a mim, penso que temos esse direito de maneira absoluta e total. [...] Deveríamos nos deixar comover pelos gritos de sensibilidade lançados pelas pessoas do mundo pelas objeções feitas por homens estranhos às ideias científicas? [...] Compreendo perfeitamente que as pessoas do mundo que são movidas por ideias bem diferentes daquelas que animam o fisiologista julgam a vivissecção de forma bem diferente da dele. [...] Dissemos em algum lugar desta introdução que é a ideia que dá aos fatos seu valor e seu significado. Fatos idênticos materialmente podem ter um significado moral oposto de acordo com as ideias em que se baseiam. O assassino covarde, o herói e o guerreiro mergulham igualmente o punhal no peito de seu semelhante. O que os distingue senão a ideia de que lhes dirige o braço? [...] A diferença das ideias explica tudo. O fisiologista não é um homem do mundo, é um cientista, é um homem tomado por uma ideia que ele persegue. Ele não ouve os gritos dos animais, não vê o sangue que escorre, vê apenas sua ideia e percebe apenas os órgãos. [...] Pelo exposto, consideramos as discussões sobre vivissecção inúteis ou sem sentido". A natureza, aqui, não tem nenhum direito, e não temos deveres para com ela, pois a sacralização da ciência passa para o primeiro plano nessa herança intelectual tipicamente cartesiana quanto a esse aspecto.

motivações filosóficas de Descartes, como disse, sem dúvida não eram negligenciáveis, uma vez que para ele se tratava de acabar com o animismo da Idade Média em favor de um mecanismo racionalista. Infelizmente, essa boa intenção inicial o levou a proferir disparates em quase todas as questões de biologia e de física que ele tentou abordar sem nunca compreender nada sobre elas. Fiz minha graduação em filosofia estudando a ciência de Descartes e, infelizmente, cheguei à conclusão de que a assimilação do cartesianismo ao pensamento racionalista é amplamente superestimada, para não dizer francamente cômica. Descartes nunca foi Newton, nem Lavoisier, nem mesmo Pascal ou Leibniz, e sua concepção dos animais-máquinas permanecerá sem dúvida como o erro mais funesto de toda a história da filosofia moderna.

2. O animal não tem nenhum direito, mas ainda assim temos deveres indiretos para com ele, pelo menos quando é domesticado: os humanistas antropocentristas, de Kant a Grammont

Uma segunda posição, também antropocentrista, mas ainda assim mais sensata (ou menos inepta) que a dos cartesianos de estrita obediência, foi a seguir mais bem representada por Kant, mas também, no direito francês, pela famosa Lei Grammont de 1850. Sem abalar as bases do humanismo tradicional, ela sustenta que os animais podem evidentemente sofrer. Nessas condições, é cruel maltratá-los. Assim, o raciocínio prossegue dizendo que o espetáculo da crueldade só pode incitar os humanos a ações nocivas; portanto, a crueldade contra os animais será proibida, mas apenas quando cometida em público e em animais domésticos.

Como se depreende dessas restrições, não se trata tanto de proteger os animais por eles mesmos, mas de proibir comportamentos que possam favorecer as más inclinações dos humanos. É, portanto, bastante lógico que os atos de crueldade praticados em privado ou em animais selvagens, por exemplo, durante a caça ou no combate às supostas “pragas”, fiquem fora do campo da lei. O coelho doméstico está protegido (pelo menos em princípio, porque, para dizer a verdade, eu não gostaria de ser um coelho de fazenda ou um porco no momento fatal...), mas o coelho ou o porco selvagens não se beneficiam de nenhum tipo de proteção, nem mesmo embrionária.

É nessa perspectiva que foi elaborada a famosa Lei Grammont, que leva o nome desse general que se tornou deputado, antigo quadro da cidade de Saumur, que amava os cavalos e foi autor de uma legislação sobre a qual é preciso reconhecer que, apesar dos limites que acabamos de mencionar, foi ainda assim um progresso, já que foi a primeira a proteger minimamente os animais na França. Ainda assim, insisto, a proibição dos maus-tratos só se aplica aqui aos animais *domésticos*, ou seja, animais próximos dos humanos ou de alguma forma "humanizados", a lei não protegendo os animais selvagens e limitando-se a reprimir a crueldade cometida *em público*, em outras palavras, aquela passível de chocar ou corromper a sensibilidade dos humanos. O texto exato da lei é particularmente claro sobre essas duas limitações cruciais: "Serão punidos em cinco a quinze francos e poderão sê-lo em um a cinco dias de prisão aqueles que maltratarem pública e abusivamente os animais domésticos".

A Lei Grammont terá, no entanto, algumas aplicações benéficas. A primeira, noticiada na imprensa da época, permanece ainda assim bastante paradoxal: um camponês transportava patos vivos para o mercado de seu vilarejo, pendurados pelo pescoço na ponta de um pau. Um gendarme parou o camponês e, como reprimenda, pediu-lhe apenas que matasse seus patos ali mesmo, o que foi feito. Deixo para você avaliar a margem exata dos progressos assim alcançados em matéria de proteção dos animais...

Como se poderia suspeitar, essa legislação, cujos progressos, mais uma vez, são apesar de tudo reais em relação ao cartesianismo das origens, desencadeará uma interminável disputa sobre a legalidade ou não das touradas. Os partidários de uma aplicação estrita da lei, como Waldeck-Rousseau, argumentam com razão que os touros, por mais fortes e bestiais que sejam, não deixam de ser animais domésticos, visto que foram criados por humanos e não capturados na natureza, enquanto Gaston Doumergue argumenta, ao contrário, que essa consideração dos animais é feita em detrimento do entretenimento legítimo dos humanos. Foi apenas em 1951 que o debate foi definitivamente resolvido a favor das touradas, desde que esse jogo, considerado tão imundo quanto absurdo pelos defensores dos animais, seja objeto de uma "tradição ininterrupta nas regiões onde ainda é praticada".[4] É justamente esse antropocentrismo persistente que as grandes legislações alemãs dos anos 1930, herdeiras diretas do romantismo alemão, terão como alvo e tentarão superar, protegendo os animais "por si mesmos" ("*um ihrer selbst willen*", como insiste repetidamente o texto da *Tierschutzgesetz*, a lei de proteção dos animais) contra a legislação Grammont, sejam esses animais domésticos ou selvagens.

3. Temos deveres diretos pelos animais, mesmo os selvagens: a herança do romantismo nas legislações alemãs dos anos 1930

Ao contrário do humanismo cartesiano ou mesmo kantiano, trata-se agora de proteger o animal selvagem tanto quanto o doméstico das crueldades cometidas tanto em privado como em público. "No novo Reich não deve haver mais espaço para a crueldade com os animais", exclama Hitler em um de seus discursos, e para lhe dar mais força, ele atira sobre o povo alemão alguns milhões de cartões

---

4 Maurice Agulhon formulou muito bem o que distingue, assim, a defesa dos animais no século XIX daquela que podemos encontrar hoje (no mundo anglo-saxão em particular): "Quando se falava [...] de proteção dos animais no século XIX [...] tinha-se em vista quase exclusivamente, ou pelo menos principalmente, os animais domésticos, ameaçados pela violência de seus donos, e esperava-se que, ao refrear essa violência menor, se estaria ajudando a refrear a violência maior dos humanos entre eles. A proteção dos animais desejava ser uma pedagogia, e a zoofilia, a escola da filantropia. Era um problema de relação com a humanidade, e não de relação com a natureza". Em grande medida, o diagnóstico também valia para a Inglaterra da mesma época. Quando William Wilberforce e Thomas Fowell Buxton fundam, em 1824, a Sociedade Protetora dos Animais, eles são conhecidos, como Victor Schoelcher na França, por suas opiniões progressistas em favor da abolição da escravidão – e nunca perdem a oportunidade de estabelecer um paralelo entre os dois assuntos. A argumentação deles faz parte de um mesmo movimento "zoófilo", humanitário e filantrópico. A primeira lei de proteção da Inglaterra (1822) não vai além da Lei Grammont: também ela se limitava a proibir os maus-tratos infligidos em público aos animais domésticos. O ser humano, portanto, continua sendo o centro do mundo e também da proteção pelo direito.

postais em que o vemos na floresta, ao lado de um cabrito-montês que ele acaricia com delicadeza e afeição. Essas palavras simpáticas, que podemos lamentar não se referirem também aos seres humanos, vão inspirar a imponente lei de 24 de novembro de 1933 sobre a proteção dos animais. Segundo Giese e Kahler, os dois conselheiros técnicos do Ministério do Interior responsáveis pela redação do texto legislativo, é essa mensagem do *Führer* que deve ser traduzida na realidade concreta – tarefa impossível, ao que parece, antes da chegada ao poder de um governo nacional-socialista. Hitler fará questão de acompanhar pessoalmente a elaboração dessa lei gigantesca (mais de 180 páginas...).

Os defensores dos animais lamentarão, sem dúvida, que seja sob esse regime que seus desejos mais caros sejam atendidos. O fato é que, pela primeira vez na história, se tratará, como sugeri acima, de proteger o animal, inclusive o selvagem, "por si mesmo", e não em relação aos humanos. A lei alemã de 1933 proporá assim o fim do antropocentrismo das legislações francesas. É preciso citar os textos, que são de exemplar precisão, e que aqui os apresento com a maior fidelidade possível:

> O povo alemão sempre teve um grande amor pelos animais e sempre teve consciência das obrigações éticas elevadas que temos por eles. E, no entanto, é apenas graças à direção nacional-socialista que o desejo, partilhado por amplos círculos, de uma melhoria nas disposições jurídicas relativas à proteção dos animais, que o desejo da promulgação de uma lei específica que reconhecesse o direito que os animais possuem de serem protegidos por serem animais (*um ihrer selbst willen*) foi realizado na prática.

Segundo o legislador alemão, com efeito, em todas as outras leis, inclusive nas da Alemanha de antes do nacional-socialismo, era necessário, para que a crueldade contra os animais fosse punida, que ela fosse pública e dirigida contra os animais domésticos. Consequentemente, os textos jurídicos anteriores, e aqui apresento mais uma passagem da legislação alemã, não constituíam "uma ameaça de punição que servisse à proteção dos animais por serem animais, a fim de protegê-los contra atos de crueldade e maus-tratos", mas na verdade visavam apenas "a proteção da sensibilidade humana diante do doloroso sentimento de ter de participar de uma ação cruel contra os animais". A partir de agora, portanto – e o texto da lei insiste nisso em várias passagens, e com razão, aliás –, será o caso de reprimir

> a crueldade como tal, e não por seus efeitos indiretos sobre a sensibilidade dos seres humanos. [...] A crueldade não é mais punida com base na ideia de que seria preciso proteger a sensibilidade dos seres humanos do espetáculo da crueldade contra os animais, o interesse dos seres humanos não é mais aqui o pano de fundo, mas reconhece-se que o animal deve ser protegido como tal (*wegen seiner selbst*).

Portanto, os atos de crueldade cometidos em privado serão doravante tão condenáveis quanto os outros, de modo que a legislação nazista antecipa de forma totalmente inovadora as exigências mais radicais das filosofias utilitárias que animam o Movimento de Libertação Animal, e o primeiro parágrafo da lei deixa bem claro que ela

> é válida para todos os animais: do ponto de vista penal, nenhuma diferença será feita, portanto, nem entre os animais domésticos e os outros tipos de animais, nem entre animais inferiores e superiores, nem mesmo entre animais úteis e nocivos ao ser humano.

Aqui estamos, pois, no lado oposto do cartesianismo, bem como da Lei Grammont, com um texto de lei que poderia ser assinado com as duas mãos pelos militantes contemporâneos da causa animal.[5]

---

5 Sem entrar aqui nos detalhes dessa lei, deixaremos claro que ela examina com muito cuidado todas as questões decisivas atualmente discutidas pelos defensores dos direitos dos animais, desde a proibição da alimentação forçada dos gansos, até a da vivissecção sem anestesia, tema em relação ao qual ela se mostra, de fato, cinquenta anos (e até mais) "à frente" de seu tempo. Há que se notar, porém,

4. O animal tem os mesmos direitos que os seres humanos porque experimenta prazer e sofrimento como eles: o utilitarismo e o Movimento de Libertação Animal

Com o pensamento utilitarista, entramos em outra perspectiva filosófica, embora, e isso é um paradoxo, as conclusões sejam mais ou menos as mesmas da legislação alemã dos anos 1930. Aqui, o direito dos animais parece estar intrinsecamente ligado à sua qualidade de seres portadores de "interesses", isto é, de seres capazes de sentir prazer e dor, portanto tendo interesse em não serem maltratados. O utilitarismo será assim uma das origens essenciais dos principais movimentos vegetarianos. Esta filosofia, que se desenvolveu sobretudo no mundo anglo-saxão, tem um avô fundador, Jeremy Bentham, depois uma infinidade de herdeiros, os mais conhecidos dos quais, quando se trata do direito dos animais, sendo Henry Salt e Peter Singer, um acadêmico australiano que muitos consideram hoje o líder da causa animal no século XX.

Comecemos por esclarecer um mal-entendido: o utilitarismo não é, como afirma erroneamente uma opinião corrente, uma teorização, muito menos uma justificativa, do egoísmo. Ao contrário, apresenta-se como um universalismo ou, se quiserem, como um altruísmo cujo princípio poderia ser enunciado da seguinte maneira: uma ação é boa quando tende a realizar a maior quantidade de felicidade para o maior número possível de sujeitos atingidos por essa ação. É ruim no caso contrário. Vemos que o postulado inicial se confunde tão pouco com o de um hedonismo narcísico que deve até mesmo entrar em conflito direto com ele: há casos em que se

---

que em dois pontos nos quais se revela particularmente prolixa e meticulosa, a *Tierschutzgesetz* sugere que o amor aos animais não implica o amor aos homens: um capítulo inteiro é dedicado à barbárie judaica que preside o abate ritual, agora rigorosamente proibido. Outro dedica páginas inspiradas às condições de alimentação, de descanso, de ventilação etc., segundo as quais é necessário agora, graças aos benefícios da revolução nacional em curso, organizar o transporte de animais por trem! Pois é na perspectiva de um sobressalto contra o declínio do mundo moderno oriundo do Iluminismo francês e do cartesianismo que se inscreve essa nova gestão da natureza animal...

pode exigir o sacrifício individual em nome da felicidade coletiva, e a natureza exata desse conflito constitui, aliás, um dos principais problemas da teoria utilitarista.

Dito isso, compreendemos que com base nessas premissas acabamos estendendo a proteção do direito a todos os seres passíveis de sofrer. É preciso citar aqui na íntegra a passagem, mil vezes mencionada na literatura animalista, na qual Jeremy Bentham expressa essa ideia fundadora de todo o movimento. Lembremos que ele escreve no momento em que a França acabava de libertar pessoas negras escravizadas, ao passo que elas continuavam a ser "tratadas como animais" nos territórios britânicos:

> Talvez chegue o dia em que o resto do reino animal recuperará esses direitos que nunca poderiam ter sido tirados deles a não ser pela tirania. Os franceses já perceberam que a pele escura não é motivo para abandonar sem nenhuma salvaguarda um ser humano aos caprichos de um perseguidor. Talvez um dia percebamos que o número de pernas, a pilosidade da pele ou a extremidade do osso sacro são razões igualmente insuficientes para abandonar uma criatura sensível ao mesmo destino. O que mais deveria traçar a linha divisória? Talvez a faculdade de raciocinar, ou talvez a faculdade da linguagem? Mas um cavalo que chegou à maturidade ou um cachorro é, para além de qualquer comparação, um animal mais sociável e mais razoável que um recém-nascido de um dia, de uma semana ou mesmo de um mês? Mas suponhamos que sejam diferentes, que utilidade isso teria para nós? A questão não é: eles são capazes de raciocinar? Nem: eles são capazes de falar? Mas sim: eles são capazes de sofrer?

O argumento central é claro: as diferenças específicas usualmente invocadas, em especial como vimos em Descartes, para valorizar o humano em detrimento do animal (a razão, a linguagem) não são pertinentes. Evidentemente, com efeito, não concedemos mais direitos a um homem inteligente que a um tolo, nem a um tagarela que a um afásico. O único critério moral significativo só pode ser a capacidade de experimentar prazer e dor. Observaremos também que o argumento se inscreve no âmbito de uma lógica democrática: bem à maneira de Tocqueville, ele conta com o avanço da "igualdade das condições" para que, depois dos negros da África (e logo as mulheres), os animais entrem por sua vez na esfera do direito.

Quatro teses fundamentais permitem delimitar o sentido exato da defesa utilitarista da causa animal: 1. O homem não é o único a possuir direitos, mas deles devem se beneficiar todos os seres passíveis de experimentar prazeres e dores, tese que leva à superação do humanismo antropocêntrico. 2. O objetivo principal da atividade moral e política é, como acabamos de dizer, a maximização da quantidade de felicidade global no mundo e a minimização da quantidade de sofrimento. 3. A finalidade primeira do direito é proteger interesses e sentimentos, qualquer que seja o sujeito do qual eles emanam (ser humano ou animal, pouco importa). 4. Seguindo a mesma lógica, é, portanto, tão ilícito fazer um animal sofrer quanto um ser humano.[6]

6 O livro de Henry Salt intitulado *Animals' rights considered in relation to social progress* [Os direitos dos animais considerados em sua relação com o progresso social] (1892) procurará especificar essas teses já defendidas por Bentham aplicando-as aos sujeitos que constituem, ainda hoje, as passagens obrigatórias da literatura zoofílica: reconhecimento do direito dos animais selvagens, críticas à crueldade no abate, à caça, à moda do couro, às penas ou às peles, à experimentação em animais, à vivissecção etc. Salt também dará novo vigor ao tema democrático da progressão dos direitos ao estabelecer um estrito vínculo lógico entre a existência dos direitos humanos e a necessidade de instituir os direitos dos animais: "Os animais têm direitos? Sem dúvida, se os homens os têm!". Esta é, significativamente, a primeira linha de seu livro. A ideia logo será expressa na literatura utilitarista contemporânea sob a forma de uma convicção inabalável: depois da emancipação das pessoas escravizadas, depois da emancipação das mulheres, das crianças e dos loucos, em breve chegará a vez dos animais, tanto é verdade, como já dizia Salt, que "o escárnio de uma geração pode se tornar a preocupação da próxima". Esta é uma necessidade que se poderia dizer inscrita no sentido da história. Pois, ele acrescenta de uma maneira quase profética, "com a grande Revolução de 1789, esse sentimento de humanidade que até então só era sentido por um homem, talvez, em 1 milhão, começa a se desenvolver pouco a pouco e a se manifestar como uma característica essencial da democracia".

5. O veganismo: o animal é tão sagrado quanto o ser humano, não só não devemos fazê-lo sofrer, como também não devemos explorá-lo, nem explorar os produtos aos quais dão origem

Em seu livro *Planète végane. Penser, manger et agir autrement* [Planeta vegano. Pensar, comer e agir diferente],[7] Ophélie Véron, militante feminista e animalista com muitos diplomas (da Escola Normal Superior de Paris, da Universidade de Oxford, uma tese de doutorado em geografia pela University College de Londres), também se comprometeu a defender a causa dos animais, mas indo mais longe, muito mais longe, que os utilitaristas, que na maioria das vezes não vão além do vegetarianismo. É uma pena que sua obra recorra à escrita inclusiva, pois para se dedicar ao que o politicamente correto tem de mais tolo e afetado, esse tipo de escrita se priva de qualquer tradução fonética possível, o que torna a leitura difícil, para não dizer às vezes exasperante. Além disso, seria impossível ensinar a escrita inclusiva nas escolas, onde ela causaria danos terríveis a crianças que já têm dificuldade em dominar a ortografia comum.

Continuemos.

Assim, para defender a causa dos animais e do veganismo, Ophélie Véron dedica um capítulo inteiro a responder às objeções mais comuns, aquelas geralmente feitas pelos "onívoros" contra os vegetarianos, *a fortiori* contra os vegetalianos e os veganos. Infelizmente, ela retém apenas objeções rituais e um tanto frágeis que emanam de antiveganos tão seguros de seu bom senso, tão convencidos *a priori* de que trarão os zombeteiros para seu lado, que se esquecem de apelar para a inteligência em suas argumentações – o que permite à nossa militante deixar cuidadosamente de lado as críticas que poderiam colocá-la em dificuldade. Mas comecemos, como manda o *fair-play*, examinando as boas respostas que ela dá às más objeções, antes de levar em conta as outras, aquelas que são realmente difíceis e das quais ela não fala (acrescento então

7 Ophélie Véron, *Planète végane. Penser, manger et agir autrement*, Éditions Marabout, 2017.

meus próprios complementos às suas respostas, mas como, para mim, eles vão no mesmo sentido, suponho que ela não veria neles nenhum inconveniente).

Objeção número 1: "Se nos recusamos a comer animais, por que não cenouras já que, afinal, elas também são seres vivos?". Resposta de Ophélie Véron, à qual não falta nem precisão nem humor: "Se você não vê a diferença entre uma abobrinha e um cachorro, tem de trocar de óculos!". Com efeito...

Objeção número 2: "Os animais comem uns aos outros, então por que não fazer como eles?". Resposta: os animais fazem muitas coisas que evitamos fazer, por exemplo, os coelhos comem seu cocô, os cachorros lambem o próprio traseiro, todos fazem amor e suas necessidades em público, e nem por isso os tomamos como modelo. Essa também é uma boa observação.

Objeção número 3: "Todo mundo come carne, então é normal e legítimo". Resposta: as normas sociais evoluem constantemente ao longo do tempo. Durante séculos, praticamos a escravidão, o sexismo, a pena de morte – depois acabamos lutando contra eles, abolindo a escravidão, a pena de morte (pelo menos nos países mais civilizados), concedendo o direito de voto às mulheres, enfim, mudamos de ideia e fizemos bem em fazê-lo. Chegou a vez dos animais, só isso.

As objeções 4 e 5 afirmam que é necessário comer produtos de origem animal para ter boa saúde: a prova é o fato de os veganos terem de tomar suplementos alimentares, o que mostra que seu comportamento não está de acordo com a natureza que eles pretendem, no entanto, sacralizar. Resposta clássica de todos os vegetarianos: existem todos os tipos de substitutos para a carne e, além disso, todo mundo faria bem em tomar suplementos vitamínicos, principalmente no inverno, e isso não é nem mais nem menos "natural" que dirigir um carro, ter um celular ou urinar no banheiro.

Objeção 6: "O mundo nunca será completamente vegano, veja o caso dos inuítes, que vivem em lugares onde o desenvolvimento da agricultura é praticamente impossível, só a caça permite que eles vivam". Resposta: mesmo os inuítes podem parar de comer carne, pois agora estão em contato aberto com o resto do mundo e podem adquirir em lojas os alimentos que permitem dispensar a caça.

Segue-se ainda uma série de objeções mais ou menos aceitas e fáceis de rejeitar: há causas mais importantes que a causa animal. Resposta evidente: e daí? No livro que dedicou ao destino dos animais, Matthieu Ricard desbanca com razão esse argumento que se acredita forte, mas cuja vacuidade deixa qualquer um atônito. Ele consiste em dizer que devemos nos interessar pelos humanos antes de nos preocuparmos com os animais. Dado que milhões de homens e de mulheres sofrem com a guerra, a miséria e a fome, seria praticamente imoral, e mesmo escandaloso nessas condições, preocupar-se com o bem-estar dos animais. Que bobagem! Então deveríamos massacrar os animais para cuidar melhor dos humanos? Como se 100% de nosso tempo já fosse dedicado ao trabalho humanitário! Seríamos então incapazes de perseguir dois objetivos ao mesmo tempo, como aquele ex-presidente americano que dizia ser incapaz de mascar chiclete e descer uma escada ao mesmo tempo? O destino dos cristãos no Iraque está melhor porque milhares de cães vivos são cortados em pedaços na China a cada ano antes de serem deixados para morrer lentamente porque quanto mais atroz for a dor, melhor será a carne? É porque aqui maltratamos os canídeos que em outro lugar as pessoas são mais sensíveis aos infortúnios dos migrantes?

Outra objeção consiste em dizer que "comer vegano é coisa de pessoas descoladas e bem de vida". Curiosamente, Ophélie Véron (mas é aqui que vemos que ela é "de esquerda") leva a sério a objeção: sim, ser vegano custa *a priori* mais caro, mas sabendo fazer não precisa esvaziar a carteira. Que seja!

Objeção número 9: "Eu como carne de pequenos produtores orgânicos, então não preciso ser vegano". Resposta: mesmo em pequenas fazendas extensivas, os animais são abatidos e, claro, não sem sofrimento. Além disso, eles o são depois de alguns meses, muito antes de sua maturidade, o que constitui um atentado a seu bem-estar.

Objeção número 10: "A agricultura necessária para uma alimentação vegetaliana mata muitos animais pequenos". Talvez, mas seja qual for o caso, mata infinitamente menos que a pecuária extensiva e *a fortiori* intensiva.

Bem, até agora, o debate está no mínimo equilibrado. Para dizer a verdade, a vantagem é maior se não para os veganos puros e duros, pelo menos para os defensores do bem-estar animal em geral. Resta uma última objeção à qual nossa amável amiga dos animais tem o cuidado de não responder seriamente: "O que vamos fazer com todos esses animais se pararmos de comê-los?". Boa pergunta, com efeito. Incapaz de dar uma boa resposta, Ophélie Véron finge acreditar, não sem uma boa dose de má-fé, que as pessoas têm medo de que, "repentinamente libertos de suas jaulas, eles invadam nossas ruas e nossas casas". É óbvio que nunca ninguém teve medo disso, de fato não é disso que se trata, e a questão, bastante séria, é mesmo a seguinte: se os animais deixarem de ser criados para os comermos ou usarmos os produtos deles derivados, o que seria deles? É bem provável que eles simplesmente deixariam de existir. Não vemos, com efeito, por que continuaríamos a criar galinhas, vacas, abelhas ou porcos se não poderíamos fazer nada com eles, de modo que, apesar de suas pretensões, é bem possível que o veganismo não seja a solução quando se trata de proteção animal.

Tentemos esclarecer este assunto, que é realmente importante.

Por que o veganismo não pode e nunca poderá ser, como ele pretende, "100% ético"

Ao contrário do que afirma o veganismo, que pretende adotar um comportamento 100% ético e 100% favorável aos animais e ao meio ambiente,[8] verifica-se que, na prática, essa posição teórica é insustentável. Se seguíssemos as recomendações veganas, nem é preciso dizer que deixaríamos de utilizar animais de criação da noite para

8 Cf., como exemplo dessa pretensão insustentável, o livro de Véronique Perrot *C'est quoi le véganisme?* [O que é o veganismo?], cujo subtítulo, *De la théorie à la pratique pour un mode de vie 100% éthique* [Da teoria à prática para um modo de vida 100% ético] (Le Courrier du Livre, 2018), é em si mesmo todo um programa, infelizmente, falacioso...

o dia. Estaríamos então diante do maior genocídio animal de toda a história humana e natural. E mais: já que, segundo os veganos, a posse de animais domésticos também deve ser proibida, o que aconteceria com as centenas de milhões de cães e de gatos que vivem nas casas dos humanos, os quais é difícil ver como sobreviveriam no estado selvagem? Como escreve Louise Kahors[9] em um livro que se apresenta como uma crítica moderada e honesta ao veganismo, são bilhões de animais incapazes de se virar sem a ajuda dos humanos que seriam condenados, são espécies inteiras que estariam condenadas à extinção, certamente progressiva, mas ainda assim tão dolorosa quanto certa.

Consideremos o exemplo das colmeias e da apicultura, que os veganos rejeitam como uma intolerável exploração animal:

> Antes da fabricação das colmeias dedicadas, os homens destruíam as colmeias naturais construídas por abelhas em troncos ocos de árvores para se servir do mel – uma técnica ainda hoje usada por ursos marrons e pelos texugos. Hoje, os apicultores são um elo essencial na preservação das abelhas. [...] A apicultura não destrói as abelhas, pelo contrário, protege-as. Suprimir os apicultores equivaleria a suprimir os principais defensores das abelhas. [...] Ao desejar suprimir qualquer produto de origem animal, o resultado do veganismo poderia ser muito mais negativo que positivo.[10]

Louise Kahors relata também, a título de exemplo, o caso de uma dessas ovelhas da raça merino (uma raça criada por causa de sua lã) que, tendo escapado de seu cercado, foi encontrada algumas semanas mais tarde devolvida ao estado selvagem. Na ausência de uma tosa regular, a infeliz carregava quarenta quilos em pelagem, o que

---

9 Cf. Louise Kahors, *Le Livre noir du véganisme. Peut-on être absolument éthique?* [O livro negro do veganismo. Podemos ser absolutamente éticos?] (Kiwi, 2019, p. 65): "O que seria de todos os animais abandonados pelo homem quando inúmeras espécies são incapazes de se alimentar sozinhas e se inevitavelmente não terão espaço para se deslocar, para se alimentar etc.?".
10 *Ibidem*, p. 62.

simplesmente a impedia de se mover, aumentava a temperatura do corpo, gerava riscos de infecção grave e, finalmente, condenava-a a uma morte atroz: "No entanto, os veganos recusam todas as roupas de lã. Eles querem ver todas as ovelhas do planeta vagando na natureza com dezenas de quilos de lã nas costas, sem poder mais se mover ou se alimentar e acabar morrendo sufocadas pela própria lã?". O raciocínio, na verdade, se aplica à maioria das espécies criadas pelos humanos, de modo que a questão das condições de criação e de abate parece ser, em última análise, a única questão real para quem realmente se preocupa com o bem-estar animal. Afinal, mais de 90% dos franceses são, se acreditarmos nas pesquisas, a favor da eutanásia para eles mesmos em caso de doença grave e incurável. Eles consideram que depois de certo patamar de doenças ligadas à velhice, a vida não vale mais a pena ser vivida. Por que o que é válido para seres humanos não seria válido para os animais? Quem pode garantir que deixá-los morrer de velhice é realmente dar-lhes um presente?

E mais: quanto à sua saúde, e mais ainda à de seus filhos, os veganos, ao recusarem utilizar tudo o que vem dos animais, ingressam, gostem ou não, em uma série de contradições insolúveis. Como já foi sugerido, quase todos os medicamentos comercializados hoje foram testados em animais antes de serem colocados no mercado. Ora, recusar-se a utilizá-los para tratamento é suicídio e, no caso dos filhos, essa recusa equivale a maus-tratos e pode ser enquadrada na lei. O mesmo vale para o uso do leite de vaca, indispensável para bebês cujas mães, por uma razão ou outra, não podem amamentar. A Itália agora está considerando promulgar uma lei que proíbe os pais veganos de usar leite substituto (de amêndoa, de coco, de aveia etc.), cujos nutrientes são notoriamente insuficientes para alimentar bebês. Quanto à relação dos veganos com o meio ambiente, as contradições são igualmente flagrantes. Recusam-se a utilizar leite de vaca, queijos, couro ou lã. Muito bem. Mas pelo que são substituídos se não por produtos sintéticos de todo tipo, cuja fabricação industrial é inevitavelmente fator de poluição, até mesmo de destruição dos hábitats indispensáveis à vida de certas espécies?

Em suma, como mostra o livro de Louise Kahors, não há solução perfeita, apenas comportamentos menos nocivos que outros, e o veganismo certamente não é um deles. Se queremos realmente proteger os animais, seria melhor recorrer a outras soluções, procurar melhorar as condições de criação e de abate, mas também, por que não, procurar técnicas novas que permitam produzir carne sem poluição nem sofrimento animal. Pelo menos é o que nos prometem os defensores da "agricultura celular", um novo tipo de agricultura que está se desenvolvendo em todo o mundo.

A carne celular, uma boa notícia?

Entendo perfeitamente os argumentos daqueles que, como Sylvie Brunel, defendem o mundo dos camponeses[11] mostrando como o trabalho deles mantém, protege e embeleza nossas regiões. Ninguém pode desejar seriamente o desaparecimento deles. Mas podemos realmente falar de um "mundo camponês" quando se trata da pecuária industrial intensiva, que produz 80% da carne consumida na França a cada ano? Assim como o veganismo me parece insustentável, para não dizer delirante, assim também não vejo muito bem em que medida deveríamos nos opor absolutamente à produção da carne celular, que viria competir com essa predominância de um tipo de criação que há muito não respeita mais um mínimo de bem-estar animal. Ora, todas as pesquisas recentes mostram isso: a preocupação em evitar o sofrimento animal continua avançando na França. De acordo com uma pesquisa publicada pelo instituto Ifop [Instituto Francês de Opinião Pública] em agosto de 2020, mais de 70% dos franceses se dizem sensíveis à causa animal e 90% pedem que todos os animais de criação tenham acesso ao ar livre, o que está longe de ser o caso hoje: 58% das galinhas e 99% dos coelhos são criados exclusivamente em gaiolas, 83% das galinhas sem qualquer acesso ao exterior e 99% dos porcos sobre estrados em gal-

11 Cf. o livro de Sylvie Brunel intitulado *Pourquoi les paysans vont sauver le monde*, Buchet/Chastel, 2020.

pões. Então, façamos a pergunta necessária: como e por que seria uma má ação substituir esse tipo de criação pela produção de carne celular? Tentemos esclarecer esse assunto delicado.

Foi em 2013, em Londres, que um biólogo holandês, Mark Post, apresentou à imprensa o primeiro bife produzido inteiramente *in vitro*, uma revolução na forma de se alimentar que, segundo um de seus detratores mais virulentos, Gilles Luneau, próximo de José Bové e horrorizado com tudo o que nos afasta das tradições ancestrais, assinalou "uma ruptura considerável na visão da produção de alimento. Pela primeira vez na história da humanidade", exclama com horror em seu livro intitulado *Steak barbare* [Bife bárbaro],

> esse bife de carne moída introduziu a possibilidade de se libertar das amarras da natureza para obter proteínas animais. Em dezembro de 2018, Didier Toubia, CEO da Aleph Farms (Israel) anunciou que havia conseguido não a cultura de células, mas a de um músculo com as fibras e a gordura que o caracterizam.[12]

E, de fato, esse pioneirismo tecnológico permitiu a Post anunciar discretamente o fim iminente da pecuária – uma excelente notícia, segundo ele, para o planeta e para os defensores dos animais, já que essa carne de um novo tipo é produzida sem emissões de gases de efeito estufa, nem poluição dos solos e das águas, nem sofrimento animal.

Do ponto de vista científico, essa inovação, por mais revolucionária que possa parecer, na verdade não tem nada de extraordinário. A explicação dada a Gilles Luneau por David Welch, geneticista que dirige o departamento de ciência e tecnologia do Good Food Institute, instituição que desenvolve a produção de carne *in vitro*, mas também a de "carne" elaborada com base em plantas, é a seguinte:

---

12 Gilles Luneau, *Steak barbare. Hold-up végan sur l'assiette*, Éditions de l'Aube, 2020, p. 23.

> A criação da carne celular é dividida em três etapas. Na primeira etapa, você faz uma pequena biópsia indolor no animal que deseja – vaca, galinha, porco – para isolar as células de que precisa. A segunda etapa é a da proliferação das células com base no pequeno número que você coletou. Ela é feita dentro de um biorreator onde você alimenta as células com uma mistura de nutrientes. Depois de três semanas, você tem muitas células, mas elas ainda não estão diferenciadas, ainda são células-tronco. A terceira etapa é a da diferenciação. Você modifica os ingredientes da mistura nutritiva para transformar essas células-tronco em células musculares e adiposas, como as que compõem um pedaço de carne.

A segunda etapa ainda precisa ser aperfeiçoada, principalmente por causa do custo dos nutrientes necessários para a cultura das células-tronco, mas não há dúvida de que o problema será resolvido em breve. É claro que a carne celular, como os organismos geneticamente modificados, desperta inúmeras reações hostis. Os opositores alegam que ela poderia ser perigosa para a saúde, que isso seria o fim dos pequenos camponeses ou, como afirma Luneau, que ela levará a uma "ruptura antropológica", visto que pela primeira vez na história da humanidade comeremos carne sem passar pela pecuária, pela caça ou pela pesca. No entanto, nenhum argumento científico prova minimamente a periculosidade dessa nova alimentação composta de carne. Aliás, todos os que a provaram tiveram de reconhecer, ainda que a contragosto, que ela era boa, e mesmo excelente. Sendo também a pecuária intensiva um dos principais fatores, com a indústria pesada e o transporte, de emissões de gases de efeito estufa, de poluição das águas e dos solos, por que se opor a algo que apresenta toda a aparência de progresso real? Fala-se do fim do campesinato e de ruptura com a natureza, mas será que é preciso lembrar que 90% da carne consumida hoje no mundo vem de uma agricultura industrial tão desastrosa para o bem-estar animal quanto para a pequena agricultura extensiva, cujo lugar, de qualquer maneira, ela já tomou?

Esta última poderia até voltar a viver, desde que, claro, ela concorde em acabar com o sofrimento animal nas condições de criação e de abate. Ela poderia continuar oferecendo "carne de verdade" ao lado de uma indústria "biotecnológica" que um dia nos permitirá alimentar todo o planeta sem causar nenhum dano. Os escravagistas gritaram a plenos pulmões diante da abolição da escravidão, os machistas quando as mulheres tiveram direito ao voto, os defensores do casamento quando a lei autorizou o divórcio: a cada vez, os tradicionalistas urraram que "tudo ia desaparecer", que era o fim do mundo, quando era apenas o fim de seu próprio pequeno universo, sua hostilidade à inovação sendo sobretudo ideológica, para não dizer irracional.

E não venham me dizer que na agricultura extensiva tradicional, nas boas e velhas pequenas fazendas de outrora, o abate dos animais era melhor que na indústria agroalimentar intensiva. É simplesmente uma mentira. Passei quase toda minha infância no campo, o verdadeiro, o profundo, na casa familiar rodeada precisamente por essas pequenas fazendas onde íamos buscar leite e ovos todas as manhãs. Lá eu vi como sangravam os coelhos pendurando-os pelas patas e arrancando-lhes um dos olhos, porque, dizia o camponês, é por ali que o sangue escorre melhor e porque se quer a carne "bem branca"; vi, no Cantal, onde passava as férias na fazenda de meus primos, como arrancavam as pernas de rãs vivas antes de jogar o resto na lagoa ou na lata de lixo, a criatura levando horas para morrer; eu vi – era bastante comum – galinhas depenadas vivas, o porco pendurado, pouco ou nada atordoado, sangrando por longos minutos antes de dar o último suspiro. Quanto à gastronomia tradicional, ela não é muito melhor: vá ver então como as lampreias são sangradas, como as rãs são "despidas" vivas, quanto tempo uma lagosta leva para parar de guinchar na água fervente etc. No livro de receitas de minha avó havia uma que me fazia pensar: nele se lê que, para esta saborosa preparação, a lebre "pedia para ser esfolada viva". Não estou absolutamente certo de que o "pedido" realmente vinha do infeliz animal.

Para dizer a verdade, quanto mais antigas as tradições, para não dizer arcaicas, mais atroz é o destino dos animais: na China, gatinhos, pintos ou cachorros são sistematicamente despedaçados vivos aos milhões todos os anos porque seu sofrimento supostamente torna sua carne melhor, e basta ir a um mercado tradicional para ver como os animais selvagens, as civetas, os ratos, os morcegos, as cobras, são empilhados como simples coisas em gaiolas antes de serem mortos nas condições mais dolorosas possíveis. Quanto ao abate ritual, também arcaico, por mais que nos expliquem que ele cumpre critérios admiráveis de respeito pelo animal, basta assistir a um uma vez na vida para permanecer bastante cético.

Claro que podemos dizer, como bons cartesianos, até mesmo seguindo os ensinamentos das grandes religiões monoteístas, que autorizam o homem a dominar a natureza sem concorrência, que não nos importa o sofrimento dos animais, que se trata apenas de rãs, de lampreias, de coelhos ou de porcos, e que Deus os colocou aqui para nosso prazer, mas não podemos dizer que eles não sofrem, porque isso não é verdade e nós o sabemos perfeitamente. A verdade, ao contrário do que diz Luneau, é que quanto mais um país é ocidental e moderno, menos os maus-tratos de animais são tolerados e mais cresce a demanda para que os animais sejam tratados adequadamente. Que ainda estejamos longe do alvo, que muitos de nós não queiramos ir vê-los mais de perto em um matadouro são coisas evidentes, é por isso, aliás, que os habitantes das cidades têm o cuidado de não assistir à sangria do porco ou do coelho, ao esquartejamento das vacas, das ovelhas e dos cavalos, porque bem sabem que esse espetáculo, como o esmagamento dos pintos vivos ou a castração a sangue-frio dos leitões, arriscaria tirar-lhes o apetite. O que resta é que a preocupação com o bem-estar animal vem crescendo, que progressos estão em andamento e nada os deterá mais.

Ainda assim, sem enganos: confundir o humano e o animal me parece desastroso em todos os aspectos. Como é cada vez mais difícil manter o bom senso entre os dois extremos do veganismo e do cartesianismo, sugiro para concluir este capítulo parar por um momento na questão crucial da diferença específica entre animalidade e humanidade.

O erro do materialismo continuísta ou por que o ser humano não é (apenas) um animal

Sob a influência da teoria da evolução e também dos progressos da etologia, muitos cientistas e filósofos hoje tendem a adotar sobre as relações entre reino humano e reino animal um ponto de vista tanto materialista como continuísta. Por um lado, eles humanizam os animais de bom grado, esforçando-se a todo custo para mostrar que alguns deles possuem uma cultura, uma educação, elementos de linguagem, até mesmo embriões de estética e de espiritualidade; por outro, eles insistem no fato de que os humanos são apenas mamíferos entre outros que não são mais diferentes dos gorilas ou dos elefantes do que estes últimos dos golfinhos, dos cães ou dos gatos, cada espécie tendo suas especificidades, claro, mas todas estando situadas no mesmo universo natural. Uma dupla estratégia, portanto, que, ao animalizar o homem e humanizar os animais, leva a apagar a diferença que os pensadores humanistas mais inteligentes (não falo dos cartesianos) pensavam evidenciar ao evocar a liberdade, a história, a cultura ou a política. A ciência moderna recolocaria assim filosofia e religião em seu devido lugar, desconstruindo seus pressupostos ingenuamente espiritualistas.

Embora seus objetivos sejam às vezes simpáticos, esse discurso é no mínimo tão intelectualmente falacioso quanto moralmente perigoso. Pois no plano ético e científico a diferença permanece e permanecerá para sempre radical. Simplificando: quando falamos de moral, de respeito aos direitos humanos, sempre incluímos nessas noções a ideia de um dever de *assistência recíproca*, de solidariedade e mesmo de fraternidade. É nessa perspectiva que muitas vezes vemos humanos, a começar pelos utilitaristas, criar associações para proteger os animais. Mas se refletirmos sobre a noção de reciprocidade, será que já vimos sua existência do lado deles em algum outro lugar que não nos contos de fadas ou em histórias imaginárias de crianças-lobo? Será que existe um único grande macaco na Terra que se preocupe com o destino de crianças pobres ou maltratadas? Evidentemente não, e nada nos autoriza a pensar que essa situação assimétrica possa um dia mudar. É nesse sentido que aquilo que alguns etólogos tentam nos apresentar como "embriões" de humanidade não têm realmente nada de embrionário. Pois o embrião, justamente, é feito para se desenvolver, para desabrochar e se tornar adulto. Ora, não se observa nada parecido na pretensa "cultura" dos animais, porque, em última instância, é sempre a natureza que neles é decisiva. Quanto aos humanos, eles dispõem dessa faculdade de se descolar da natureza à qual se dá o nome de "liberdade", o que lhes permite aceder às cinco dimensões essenciais da humanidade: a historicidade, a cultura, a política, a moralidade e a espiritualidade. Pelas mesmas razões que não criam um mundo moral oposto ao da natureza, os animais ignoram o progresso, a inovação, os artifícios sem os quais a democracia e os direitos humanos são simplesmente impossíveis. A lógica da inventividade econômica, política, artística, cultural e científica, própria do homem, lhes é totalmente desconhecida porque é a natureza, e não a liberdade, que dita seus comportamentos.

Consideremos até o exemplo da linguagem, que alguns etólogos especializados no estudo dos grandes símios apresentam algumas vezes. O que chama a atenção, em particular nos numerosos estudos sobre chimpanzés, é o fato de os melhores especialistas – e isso apesar da simpatia legítima que os pequenos bonobos lhes inspiram – sublinharem uma diferença crucial, ela própria diretamente ligada à noção de liberdade, entre o chimpanzé e a criança. Como afirma David Premack em *Le cerveau et la pensée* [O cérebro e o pensamento],[13] ao contrário da segunda, o primeiro

> nunca sente a necessidade de compartilhar com você sua descoberta do mundo. Uma criança pequena, antes mesmo de falar, arrastará sua mãe até a janela para mostrar a ela tal e tal objeto – não porque queira esse objeto: simplesmente para compartilhar a excitação de sua descoberta com ela. Nunca vi um chimpanzé fazer o mesmo.

13 Jean-François Dortier (org.), *Le cerveau et la pensée*, Éditions Sciences Humaines, 1992.

No mesmo trabalho, e no mesmo sentido, outro especialista em grandes símios, Jacques Vauclair, mostra que sua linguagem, mesmo entre os mais dotados, como a famosa Kanzi, falecida recentemente, nunca se emancipa dos pedidos dirigidos ao "mestre", excluindo qualquer forma de partilha desinteressada de uma experiência com os outros. Pelo contrário, assegura ele, "no ser humano, além desta modalidade 'imperativa', as palavras são também dotadas de uma função declarativa cuja finalidade é comentar o mundo e partilhar seus conhecimentos com os outros". Essa limitação na expressão está, sem dúvida, relacionada ao fato de que, "ao contrário dos humanos, parece que os macacos realmente encontram sérias dificuldades em dotar os outros de intenções". Qualquer que seja sua inteligência e sua capacidade, às vezes notável, de comunicação (Kanzi compreendia cerca de 150 palavras de nossa língua!), os bonobos não dominam essa relação com o sentido que permite não só se fazer compreender, mas sobretudo entrar na reciprocidade, captar o que o outro quer dizer, distanciar-se o bastante de si para ser capaz de se interessar pelos outros o suficiente para lhes imputar intenções, para se preocupar com seu destino ou simplesmente ter prazer em compartilhar com eles experiências ou conhecimentos. Falta de descentramento suficiente, falta de uma liberdade entendida como a faculdade de se afastar de si ao mesmo tempo que do mundo no qual estão presos, essa reciprocidade falta até mesmo aos animais mais evoluídos de todos.

O problema do materialismo cientificista é que muitas vezes ele é o grande ingênuo, como mostram às vezes os autênticos cientistas quando têm a audácia de se desviar um pouco da vulgata positivista. É o caso do pesquisador em etologia Michael Tomasello, um dos maiores especialistas do mundo nos grandes símios aos quais dedicou sua vida. Doutor em psicologia pela Universidade da Geórgia, pesquisador do Instituto Max-Planck, na Alemanha, e professor honorário da Universidade de Leipzig, o que ele nos ensina, baseado em fatos e em argumentos não mais filosóficos, mas empíricos e científicos, rompe com a vulgata materialista. Recomendo fortemente a leitura de seu livro *Pourquoi nous coopérons* [Por que cooperamos?].[14] Aqui está o que se pode ler nele:

> Para mim, a questão decisiva é a seguinte: em uma perspectiva evolucionária, no que consiste a diferença decisiva entre a maneira como os símios se comunicam uns com os outros e a forma como os humanos o fazem? [...] Ora, essa diferença reside primeiro em um comportamento gestual, ou, mais exatamente, em um gesto de designação: um homem atrai, designando com um gesto, a atenção de outro sobre um objeto que ambos podem ou poderiam ver, digamos esta cadeira, ou esta maçã, um antílope. É essa a situação original do homem, e você nunca a observará em nenhum símio nem em nenhum mamífero. [...] Eu dependo de você e você de mim. Eu gostaria que você desempenhasse seu papel durante a caçada. É por isso que mostro, por exemplo, que você acabou de perder sua lança. Ali, olhe, ela está ali, no chão, com um gesto para designar o objeto.[15]

---

14 Michael Tomasello, *Pourquoi nous coopérons*, Presses Universitaires de Rennes, 2015.

15 Talvez digam que alguns animais também caçam em matilha, que, portanto, cooperam igualmente entre eles, mas, como mostra Tomasello, essa cooperação permanece "individualista" e isso por uma razão básica a respeito da qual poderemos medir como ela encontra a da liberdade, é que são incapazes de se colocar verdadeiramente no lugar do outro, o que, pelo contrário, o gesto de designação que acabamos de mencionar pressupõe. Ora, sem a liberdade entendida como a capacidade de se descolar de si mesmo, de seu egocentrismo natural, não há pensamento alargado, não há capacidade de se colocar do ponto de vista do outro. Ao contrário dos humanos, "os chimpanzés não compartilham, em termos mais precisos, seus centros de interesse com seus congêneres. [...] Claro, eles também às vezes cooperam durante a caçada. Mas seu comportamento de cooperação é no final das contas sempre orientado para a competição e individualista. [...] No que diz respeito a seus objetivos, os chimpanzés têm um comportamento inteiramente racional, eles compreendem até mesmo que seus congêneres perseguem os mesmos objetivos que eles. Mas, no final das contas, a maneira como procuram satisfazer esse interesse é puramente individualista. [...] Com efeito, o chimpanzé nunca se pergunta se o que ele percebe em determinado momento é apenas aparência ou realidade, simplesmente porque ele nunca se pergunta como o outro chimpanzé percebe o mundo ao lado dele. Para ele, apenas seu mundo existe. [...] É essa capacidade humana de ter uma atenção compartilhada que torna o comportamento humano em relação ao

O que Tomasello descreve aqui em sua linguagem de pesquisador de campo é exatamente o que Kant chamava de "pensamento alargado", a capacidade especificamente humana de se colocar no lugar do outro, capacidade que pressupõe a liberdade entendida no sentido de se descolar do egocentrismo, ou seja, da natureza em nós. Nesse sentido, outro aspecto da mesma constatação inicial, os animais, inclusive os mais próximos de nós, são incapazes de mentir, pois, como diz novamente Tomasello, "em seu modo de vida, ninguém espera que o animal se mostre cooperativo". A questão da mentira, Tomasello tem razão, é determinante, pois para mentir é evidentemente necessário imaginar o que o outro espera de nós para lhe fazermos uma oferta no sentido que corresponda ao que ele quer ouvir, o que pressupõe então, por qualquer lado que consideremos o problema, que somos capazes de nos colocar em pensamento em seu lugar.

Que os animais não sejam seres livres, que sejam incapazes de cultura, de historicidade, de política, de moral e de espiritualidade, não é evidentemente uma razão para desprezá-los, muito menos para não se importar com seu bem-estar. É nessa perspectiva que ao longo do ano de 2014 a nossa Assembleia Nacional finalmente votou uma emenda que concede no direito civil o estatuto de "seres vivos dotados de sensibilidade" aos animais. Fomos alguns (Jacques Julliard, Boris Cyrulnik, Erik Orsenna, Frédéric Lenoir, Michel Onfray, Alain Finkielkraut, Matthieu Ricard, entre outros...) dos signatários de um manifesto em favor do reconhecimento de um novo estatuto jurídico do animal no direito civil. Um passo de cada vez, nosso apelo foi ouvido e, ainda que esse voto seja simbólico, ele testemunha uma verdadeira mudança das mentalidades, até mesmo um retorno tardio, mas salutar, ao primado do bom senso contra os

---

mundo tão particular. Se aponto para esta cadeira, ou outrora para aquela antílope, ambos a percebemos. E cada um, claro, de uma maneira diferente. Algo de decisivo aconteceu então. Pois a partir desse momento também eu já concebo – sem isso meus gestos de designação não teriam absolutamente sentido algum – que minha própria perspectiva do mundo é apenas uma perspectiva entre outras, que existem outras perspectivas neste mundo, segundo o princípio: "Oh! Eu vejo o mundo assim e você o vê desse outro jeito".

absurdos do cartesianismo. A questão, com efeito, não é saber se os animais são "cultivados", se são capazes de moralidade, de política e de historicidade, mas se podem sofrer e ter afetos, até mesmo afeições. E a resposta é sim, e nenhum cientista sério tem a menor dúvida sobre o assunto. É uma sorte que hoje a indiferença à causa animal tenha saído de moda.

CONCLUSÃO

Ecologia positiva, um propósito importante

Ficou claro ao longo destas páginas: não acredito nem no colapso do mundo em 2030, nem na possibilidade de uma política de decrescimento, menos ainda no fato de que ela poderia ser minimamente benéfica. Portanto, é para o ecomodernismo e a economia circular, para as altas tecnologias e a inovação, que a ecologia deve se orientar se não quiser permanecer tão ineficaz quanto repulsiva. Para isso, será preciso não apenas muita ciência e inteligência, mas também grande capacidade da política em retomar o controle do curso do mundo que, como vimos, ainda hoje nos escapa por todos os lados. Como podemos ver, nada está definido nesse assunto, como também nada é simples ou está ganho de antemão. Mas se neste mundo ainda existe um grande propósito, esse é realmente aquele que consistiria em implementar finalmente uma ecologia não punitiva, ao mesmo tempo desradicalizada e verdadeiramente preocupada em embelezar o futuro da humanidade.

Do mesmo autor

Philosophie politique I. Le droit: la nouvelle querelle des anciens et des modernes, PUF, 1984.

Philosophie politique II. Le Système des philosophes de l'histoire, PUF, 1984.

Philosophie politique III. Des droits de l'homme à l'idée républicaine, PUF, 1985.

La Pensée 68. Essai sur l'anti-humanisme contemporain, Gallimard, 1985 (em coautoria com Alain Renaut).

Systèmes et critiques, Ousia, 1985.

68-86. Itinéraires de l'individu, Gallimard, 1987.

Heidegger et les modernes, Grasset, 1988.

Homo aestheticus. L'invention du goût à l'âge démocratique, Grasset, 1990.

Pourquoi nous ne sommes pas nietzschéens, Grasset, 1991 (obra coletiva).

Le nouvel ordre écologique, Grasset, 1992.

Des animaux et des hommes. Une anthologie, Hachette, "Le Livre de Poche", 1994.

L'homme-dieu ou le sens de la vie, Grasset, 1996.

La sagesse des modernes, Robert Laffont, 1998 (em coautoria com Andr. Comte-Sponville).

Le sens du beau, Cercle d'Art, 1998.

Philosopher à dix-huit ans, Grasset, 1999.

Qu'est-ce que l'homme?, Odile Jacob, 2000 (em coautoria com Jean--Didier Vincent).

Qu'est-ce qu'une vie réussie?, Grasset, 2002; Hachette, "Le Livre de Poche", 2009.

Lettre à tous ceux qui aiment l'école, Odile Jacob, 2003.

La naissance de l'esthétique moderne, Cercle d'Art, 2004.

Le religieux après la religion, Grasset, 2004 (em coautoria com Marcel Gauchet).

Comment peut-on être ministre? Réflexions sur la gouvernabilité des démocraties, Plon, 2005.

Apprendre à vivre 1: traité de philosophie à l'usage des jeunes générations, Plon, 2006.

Kant: une lecture des trois critiques, Grasset, 2006.

Vaincre les peurs: la philosophie comme amour de la sagesse, Odile Jacob, 2006.

Familles, je vous aime: politique et vie privée à l'âge de la mondialisation, XO, 2007.

Pour un service civique, Odile Jacob, 2008.

Apprendre à vivre 2: la sagesse des mythes, Plon, 2008.

La tentation du christianisme, Grasset, 2010.

Combattre l'illettrisme, Odile Jacob, 2009.

Face à la crise, Odile Jacob, 2009.

Le christianisme, la pensée philosophique expliquée, Frémeaux & Associés, 2009.

Philosophie du temps présent, Frémeaux & Associés, 2009.

Apprendre à vivre: traité de philosophie à l'usage des jeunes générations, Flammarion, 2009; "Champs Essais", 2015.

Heidegger, l'oeuvre philosophique expliquée, Frémeaux & Associés, 2010.

La révolution de l'amour: pour une spiritualité laïque, Plon, 2010; J'ai lu, "Essai", 2012.

Mythologie, l'héritage philosophique expliqué, Frémeaux & Associés, 2010.

Faut-il légaliser l'euthanasie?, Odile Jacob, 2010 (em coautoria com Axel Kahn).

L'anticonformiste: une autobiographie intellectuelle (entrevista com Alexandra Laignel-Lavastine), Denoël, 2011; Pocket, 2012.
Karl Marx, la pensée philosophique expliquée, Frémeaux & Associés, 2011.
Chroniques du temps présent: Le Figaro, 2009-2011, Plon, 2011.
Sigmund Freud, la pensée philosophique expliquée, Frémeaux & Associés, 2011.
La politique de la jeunesse: rapport au premier ministre, Odile Jacob, "Penser la société", 2011 (em coautoria com Nicolas Bouzou).
De l'amour: une philosophie pour le xxie siècle, Odile Jacob, "Sciences humaines", 2012.
Schopenhauer, l'oeuvre philosophique expliquée, Frémeaux & Associés, 2012.
L'invention de la vie de bohème, 1830-1900, Cercle d'Art, 2012.
Descartes, Spinoza, Leibniz: l'oeuvre philosophique expliquée, Frémeaux & Associés, 2013.
Hegel, l'oeuvre philosophique expliquée, Frémeaux & Associés, 2013.
Épicuriens et stoïciens: la quête d'une vie réussie, *Le Figaro*, "Sagesses d'hier et d'aujourd'hui", 2013.
Aristote: le bonheur par la sagesse, Le Figaro, "Sagesses d'hier et d'aujourd'hui", 2013.
De Homère à Platon: la naissance de la philosophie, Le Figaro, "Sagesses d'hier et d'aujourd'hui", 2013.
Descartes: je pense donc je suis, Le Figaro, "Sagesses d'hier et d'aujourd'hui", 2013.
Pic de la Mirandole: la naissance de l'humanisme, Le Figaro, "Sagesses d'hier et d'aujourd'hui", 2013.
Gilgamesh et Bouddha, sagesses d'Orient : accepter la mort, Le Figaro, "Sagesses d'hier et d'aujourd'hui", 2013.
Jésus et la révolution judéo-chrétienne: vaincre la mort par l'amour, Le Figaro, "Sagesses d'hier et d'aujourd'hui", 2013.
Spinoza et Leibniz: le bonheur par la raison, Le Figaro, "Sagesses d'hier et d'aujourd'hui", 2013.
La philosophie anglo-saxonne: la force de l'expérience, Le Figaro, "Sagesses d'hier et d'aujourd'hui", 2013.

Kant et les Lumières: la science et la morale, Le Figaro, "Sagesses d'hier et d'aujourd'hui", 2013.

Nietzsche: la mort de Dieu, Le Figaro, "Sagesses d'hier et d'aujourd'hui", 2013.

Hegel et l'idéalisme allemand: penser la lumière, Le Figaro, "Sagesses d'hier et d'aujourd'hui", 2013.

Marx et l'hypothèse communiste: transformer le monde, Le Figaro, "Sagesses d'hier et d'aujourd'hui", 2013.

Schopenhauer: pessimisme et art du bonheur, Le Figaro, "Sagesses d'hier et d'aujourd'hui", 2013.

Hegel et l'idéalisme allemand: penser l'histoire, Le Figaro, "Sagesses d'hier et d'aujourd'hui", 2013.

Nietzsche: la mort de Dieu, Le Figaro, "Sagesses d'hier et d'aujourd'hui", 2013.

Le cardinal et le philosophe, Plon, 2013; J'ai lu, 2014.

Marx et l'hypothèse communiste: transformer le monde, Le Figaro, "Sagesses d'hier et d'aujourd'hui", 2013.

Freud: le sexe et l'inconscient, Le Figaro, "Sagesses d'hier et d'aujourd'hui", 2013.

Heidegger: les illusions de la technique, Le Figaro, "Sagesses d'hier et d'aujourd'hui", 2013.

Sartre et l'existentialisme: penser la liberté, Le Figaro, "Sagesses d'hier et d'aujourd'hui", 2013.

La pensée 68 et l'ère du soupçon, Le Figaro, "Sagesses d'hier et d'aujourd'hui", 2013.

La philosophie aujourd'hui: où en est-on?, Le Figaro, "Sagesses d'hier et d'aujourd'hui", 2014.

La naissance de l'esthétique et la question des critères du beau, Le Figaro, "Sagesses d'hier et d'aujourd'hui", 2014.

La plus belle histoire de la philosophie, Robert Laffont, 2014; Points, 2015.

Les avant-gardes et l'art moderne, Le Figaro, "Sagesses d'hier et d'aujourd'hui", 2014.

Entre le coeur et la raison: la querelle du classicisme, Le Figaro, "Sagesses d'hier et d'aujourd'hui", 2014.

Une brève histoire de l'éthique, Le Figaro, "Sagesses d'hier et d'aujourd'hui", 2014.

Karl Popper: qu'est-ce que la science?, Le Figaro, "Sagesses d'hier et d'aujourd'hui", 2014.

Philosophie de l'écologie. Croissance verte ou décroissance?, Le Figaro, "Sagesses d'hier et d'aujourd'hui", 2014.

Philosophie du progrès. Le romantisme contre les Lumières, Le Figaro, "Sagesses d'hier et d'aujourd'hui", 2014.

L'innovation destructrice, Plon, 2014.

Sagesses d'hier et d'aujourd'hui, Flammarion, 2014.

Chroniques du temps présent: Le Figaro, 2011-2014, v. ii, Plon, 2014.

L'Odyssée ou le "miracle grec", Plon-*Le Figaro*, "Mythologie et Philosophie", nº 1, 2015.

L'Iliade et la guerre de Troie, Plon-*Le Figaro*, "Mythologie et Philosophie", nº 2, 2015.

La naissance des dieux et du monde, Plon-*Le Figaro*, "Mythologie et Philosophie", nº 3, 2015.

Typhon et les géants, Plon-*Le Figaro*, "Mythologie et Philosophie", nº 4, 2015.

Prométhée et la boîte de Pandore, Plon-*Le Figaro*, "Mythologie et Philosophie", nº 5, 2015.

Midas contre Apollon, Plon-*Le Figaro*, "Mythologie et Philosophie", nº 6, 2015.

Les amours de Zeus, Plon-*Le Figaro*, "Mythologie et Philosophie", nº 7, 2015.

Mort et résurrection d'Héraclès, Plon-*Le Figaro*, "Mythologie et Philosophie", nº 8, 2015.

Thésée contre le Minotaure, Plon-*Le Figaro*, "Mythologie et Philosophie", nº 9, 2016.

Persée et la Gorgone Méduse, Plon-*Le Figaro*, "Mythologie et Philosophie", nº 10, 2016.

Jason et la Toison d'or, Plon-*Le Figaro*, "Mythologie et Philosophie", nº 11, 2016.

Dionysos, dieu de la fête, Plon-*Le Figaro*, "Mythologie et Philosophie", nº 12, 2016.

Pyrrha, Deucalion, Noé et Gilgamesh, Plon-*Le Figaro*, "Mythologie et Philosophie", n° 13, 2016.

OEdipe et son complexe, Plon-*Le Figaro*, "Mythologie et Philosophie", n° 14, 2016.

Antigone, Plon-*Le Figaro*, "Mythologie et Philosophie", n° 15, 2016.

Sisyphe et Asclépios, Plon-*Le Figaro*, "Mythologie et Philosophie", n° 16, 2016.

Orphée, Eurydice, Éros, Psyché, Déméter, Plon-*Le Figaro*, "Mythologie et Philosophie", n° 17, 2016.

Tantale, Dédale, Lycaon, Icare, Phaéton, Plon-*Le Figaro*, "Mythologie et Philosophie", n° 18, 2016.

Les grands mythes de l'amour, Plon-*Le Figaro*, "Mythologie et Philosophie", n° 19, 2016.

Mythologie, religion et philosophie, Plon-*Le Figaro*, "Mythologie et Philosophie", n° 20, 2016.

7 façons d'être heureux, XO, 2016; J'ai lu, 2018.

Mythologie et philosophie. Le sens des grands mythes grecs, Plon-*Le Figaro*, 2016; J'ai lu, 2018.

La révolution transhumaniste. Comment la technomédecine et l'uberisation de la société vont bouleverser nos vies, Plon, 2016. Publicada no Brasil sob o título *A revolução transumanista*. Barueri: Manole, 2018.

La plus belle histoire de l'école, Robert Laffont, 2017 (em coautoria com Alain Boissinot).

Chroniques du Figaro, 2014-2017, Plon, 2017.

La boîte de la mythologie: 600 questions pour tout savoir sur la mythologie, Marabout, 2018.

Dictionnaire amoureux de la philosophie, Plon, 2018.

Sagesse et folie du monde qui vient: comment s'y préparer, comment y préparer nos enfants?, XO, 2019 (em coautoria com Nicolas Bouzou).

Sagesses d'hier et d'aujourd'hui, Flammarion, 2019.

Índice remissivo

A

B

C

D

Q

R

S

T

U

V